무한과 연속

도야마 히라쿠 지음 | 위정훈 옮김

일러두기

1. 이 책의 일본 인명과 지명은 국립국어원 외래어 표기법에 따라 표기하였다.

2. 서양 지명 및 서양 인명은 영어 표기를 기준으로 했다.

3. 책 제목은 『』, 잡지나 신문, 영화와 드라마 등은 《 》로 표시하였으며, 이외의 인용, 강조, 생각 등은 따옴표를 사용했다.

4. 본문 중 방점은 지은이가 강조한 것이다.

5. 한국어 출간본이 있는 경우, 책 제목은 한국어 제목으로 바꾸었다.

6. 이 책은 산돌과 Noto Sans 서체를 이용하여 제작되었다.

머리말

'수학적'이라는 형용사는 정확함과 엄밀함을 강조하고 싶을 때 많이 쓴다. 그리고 이 형용사는 인간적인 것을 모조리 무시하고 논리를 전개할 때의, 딱딱함과 근엄함을 의미하는 어떤 것을 떠올릴 수도 있다. '수학적'이라는 단어는 대개 존경심과 경외심을 품고, 어떤 경우에는 명백한 혐오를 품고 입에 올리기도 한다. 수학이라는 학문은 그런 식으로 이해되는 일이 많은 것 같다.

논리적인 정확성이나 엄밀함이 수학에서 빼놓을 수 없는 하나의 성격이라는 것은 의심할 여지 없이 분명하다. 하지만 수학에는 그 밖에 어떤 원소도 존재하지 않는 것일까. 수학자는 논리라는 철 가면 속에 유폐된 불쌍한 죄수에 불과한 존재일까.

원자물리학자는 수학의 힘을 빌려서 원자핵 속까지 들어가 볼 수 있으며, 천문학자는 수학의 날개를 타고 성운 속까지 날아갈 수 있었다. 그렇다면 철 가면처럼 완고한 것이 어떻게 원자핵 속까지 들어갈 수 있었을까. 또한 철

가면처럼 무거운 것이 어떻게 성운 저편까지 훨훨 날아갈 수 있었을까.

"수학의 본질은 자유성 안에 있다." 이것은 집합론의 창시자인 칸토어의 유명한 말이다. 동시에, 위대한 일본인 수학자 세키 다카카즈関孝和가 '지유테이自由亭'라는 호를 썼던 것이 연상되기도 한다.

비윤리성 속에나 존재할 것 같은 느낌이 드는 자유가 어떻게 윤리성과 양립할 수 있을까. '수학적 자유'라는 단어는 둥근 삼각형처럼 참으로 불합리한 말 아닐까.

이 책은 이것을 염두에 두고 쓰인, 이른바 '수학자의 변명'이다. 변명이므로 수학자들만 알 수 있는 수식은 되도록 쓰지 않으려고 애를 썼다. 분명히, 수식을 사용하지 않고 수학을 설명하는 것은 음표를 사용하지 않고 음악을 설명하기보다 훨씬 어려운 일일 것이다. 하지만 음표를 읽지 못해도 감수성만 있다면 뛰어난 음악평론가가 될 수 있다. 물론 작곡가나 연주자는 될 수 없겠지만……. 이와 마찬가지로, 수식 없이 수학을 '감상하는' 일은 불가능할까. 나는 이런 거칠기 짝이 없는 유추에 의존하여 오로지 독자의 지적 감수성에 기대어 이 '변명'을 썼다.

5천 년 전에 태어나 높고, 넓고, 깊게, 이미 감당하기 힘들 정도의 발전을 이룩한 현대수학을 요약하는 일은 애초에 무리다. 하물며 이런 작은 책으로 말이다.

하지만 다음과 같은 일이 내게 용기를 불어넣어 주었다. 식물이 성장할 때 줄기나 나뭇가지나 잎이 차츰 복잡하게 분화하여 위쪽으로 발전해가는 동시에, 뿌리가 차츰 땅속으로 파고들어 아래쪽으로 뻗어 내려가는 발전도 있는 것이다. 아래로 발전하는 것은 복잡화보다는 오히려 단순화가 주를 이룬다. 나는 주로 이 방향으로 발전을 다루면서 거기서 사용되는 논리를, 되도록 쉽게, 빠른 속도의 사진을 천천히 영사하는 방식으로 독자 여러분 앞에 펼쳐 보이려 했다.

'변명'이란 원래 '들어달라'는 것이지, '들려주는' 것이 아니다. 그러므로 이 책이 조금이라도 '변명'다움을 갖추기 위해서는, 자칫 오만한 독단에 빠질 수도 있는 이 변명을 미리 수정해줄 유능한 변호사가 필요했다. 이 수고를 맡아준 이들은 도쿄공업대학 동료인 다나카 미노루田中実, 이나누마 미즈호稲沼瑞穂, 그리고 이와나미서점 출판사의 여러분들이었다. 이 지면을 빌려 깊은 감사의 뜻을 표한다.

변명으로 쓰인 이 소소한 책이 '수학 초대장'으로 유용하게 읽히는 것, 이것은 터무니없는 소망이겠지만 내 마음속 내밀한 바람이기도 하다.

1951년 10월

도야마 히라쿠

목차

1장
무한을 세다

"아우여, 울지 마라. 스무 살에 죽으려면 내가 가진 모든 용기를 쥐어짜 내야 하니까……."

열렬한 공화주의자였던 에바리스트 갈루아Évariste Galois(1811~1832)가 이 말을 남기고 결투로 쓰러진 것은 1832년 5월 31일 새벽이었다.

그의 20년 생애는 글자 그대로 불행의 연속이었다. 학교에서 퇴학당하고, 감옥에 갇히고, 최후에는 비밀경찰의 계략에 말려들어 총에 맞아 죽었다.

이 스무 살에 요절한 공화주의자가 19세기의 지도적인 수학자 가운데 한 사람이었다는 것이 인정되기까지는 다시 40년이라는 시간이 필요했다.

죽기 전날 밤, 그는 친한 벗 가운데 한 명에게 황급히 편지를 썼다. 짧게 갈겨쓴 글에는 주체할 수 없는 신념이 넘쳐흐르고 있었다.

"…… 내가 발견한 여러 정리의 진위에 관해서가 아니라, 그것의 중요성에 대해 가우스와 야코비의 의견을 공식적으로 요청해주게. 언젠가는 이 갈겨쓴 글을 판독해 줄 수 있는 사람이 나타날 것으로 기대하네. ……"

자기 창조물의 불멸성을 죽는 순간까지 믿는 것, 이것이야말로 천재에게만 허락된 특권이겠지만, 오로지 이것만이 갈루아에게 허락된 단 하나의 행복이기도 했다.

하지만 집합론의 창시자 게오르크 칸토어Georg Cantor (1845~1918)를 기다리고 있던 운명은 크게 달랐다. 자신의 창조물의 불멸성을 믿는 일은 칸토어에게는 절대로 허락되지 않았다. 평생을 독일의 시골 할레대학 교수로 마친 그의 비극은 오로지 자기만의 것이었다.

집합론은 한마디로 말하면 '무한의 수학'이다. 수학이 무한이라는 주제로 향하는 것의 위험성을 최초로 경고한 이는 아르키메데스, 뉴턴(1642~1727)과 나란히 역사상 최대의 수학자로 불리는 가우스(1777~1855)였다. 19세기에 가우스가 하는 말은 하나의 의견이 아니라 하나의 규범이었음이 틀림없다. 더구나 칸토어는 이 '무한'이라는 금기에 일부러 손을 댄 최초의 사람이었다.

하지만 아무리 가우스가 권위를 갖고 있다 해도 의문이 저절로 생겨난다. 과연 '무한' 없이 수학이 해결될까. '무한대', '무한소', '무한급수', ……와 같이 수학자는 '무한'을 피해갈 수 없는 법이다. 현대의 지도적 수학자 가운데 한 명인 바일Hermann Weyl(1885~1955)은 '수학은 무한의 과학이다'라고 규정하고 있을 정도니까 말이다.

가우스가 무한의 의의를 무시했다고는 생각할 수 없

다. 다만 '야만인들의 아우성'을 두려워하여 비유클리드 기하학을 발표하는 것을 미루었던 가우스 특유의 조심성이, 여기서도 '무한'에 다가서는 것의 위험성을 본능적으로 감지했을지도 모른다. 일단 가우스의 천재성은 '유한'의 세계에서 활약하느라 바빴으며, 또한 이처럼 복잡한 근대적인 문제에 매력을 느끼기에는 가우스는 너무나 건전한 18세기적 본능을 가진 사람이었다고도 말할 수 있을 것이다.

과연 가우스의 경고대로 '무한'은 마치 그 비밀의 베일을 찢긴 것에 분노하듯이, 최초의 도전자인 칸토어에게 잔혹한 복수로 보답했다. 칸토어는 집합론에 관한 최초의 아이디어를 얻고도 10년 동안 확신과 회의 사이를 방황하며 발표를 망설였다. 그렇지만 일단 그의 획기적인 이론이 발표되자, 이번에는 떠들썩한 논쟁이 벌어졌다. 무한이 단순히 상상의 산물이거나 또는 유한하지 않다는 단순한 부정이 아니라 1, 2, 3, ……이라는 수와 마찬가지로 실재한다는 주장, 즉, '실무한實無限' 이론은 격렬한 반대를 불러일으켰다. 그것이 그저 '야만인들의 아우성'이었다면 칸토어의 예민한 신경도 충분히 견뎌냈을 것이다. 그러나 '아우성'을 친 이들은 당대를 이끌어가던 수학자들이었다. 그중에는 19세기 말에서 20세기에 걸쳐 세계적인 명성을 떨치던 앙리 푸앵카레Henri Poincare(1854~1912)도 있다.

칸토어의 자신감은 흔들렸고 그의 예민한 신경은 상처받았으며, 결국 정신병원으로 보내졌다. 1918년, 그가 할레의 한 정신병원에서 일흔두 살의 생애를 마쳤을 때, 죽어가는 갈루아에게 찾아왔던 그런 확신, 자신의 창조물의 불멸성에 대한 확신이, 그에게도 찾아왔을지는 아무도 답할 수 없을 것이다.

칸토어가 시작한 전대미문의 시도는 '무한을 센다'라는 것이었다.

'무한'이라는 말은 종종 사용되어왔지만, 상식적으로 그것은 뚜렷한 의미를 가진 것이 아니라 오히려 인간의 헤아리는 능력을 넘어선 것을 의미했다. 그것은 '유한하지 않다'라는 단지 부정적인 의미만 지니고 있었다. 그런 것이 어떻게 정확성을 생명으로 하는 수학의 연구 과제가 될 수 있을까. 누구라도 이런 의문이 먼저 솟구칠 것이다.

'무한을 센다'라고 해도 유한을 뛰어넘어 갑자기 무한으로 향할 수는 없는 법이다. 아무래도 '유한을 세는' 것부터 시작하는 것이 순서다. 무한은 유한과는 상당히 다른 것이지만, 그런데도 역시 많은 점에서 닮았다는 것도 분명하다.

유한을 센다고 하면 얼핏 이해한 것 같은 생각이 들지만, 과연 우리가 유한의 수를 충분히 알고 있는지 생각해보자.

책 한 권, 펜 두 개, 세 사람, ……이라고 할 때 우리는 그것의 의미를 확실하게 알고 있다. 또한 2+3=5라는 식은

2권+3권=5권

2명+3명=5명

………………

………………

이라는 사실에서 뽑아낸 공통의 진리라는 것도 알고 있다. 이들 진실성을 확인하려면 하나하나 세어봄으로써 쉽게 목적을 달성할 수 있다.

조금 더 수를 키워서 20+30=50이라는 식의 진실성도 하나하나 센다는 극히 초보적인 수단을 통해 시도해볼

수 있을 것이다. 수를 더욱 키워서 200+300=500이 되면 이야기는 약간 달라진다. 이 등식을 센다는 소박한 수단만으로는 확인하는 것은, 불가능하지는 않겠지만 상당히 곤란하다는 것을 인정하지 않을 수 없다.

0이 더욱 늘어나서 다루는 자릿수가 억이 되면 어떨까. 2 0000 0000+3 0000 0000=5 0000 0000. 더는 이 등식을 일일이 센다는 단순하지만 유치하고 원시적인 방법으로 계산하는 것은, 아무리 끈질긴 사람이라도 포기하지 않을 수 없다. 바로 얼마 전이었다면 아마도 천문학자 말고는 쓸 일이 없었을 듯한, 자릿수가 많은 수도 인플레이션 시대를 사는 우리에게는 일상생활에 필요한 것이 되었다. 따라서 2 0000 0000+3 0000 0000이라는 식의 답을 어떻게든 구해야만 한다. 이 덧셈을 어떻게 처리할 것인지 생각해보자.

먼저, 2억이라는 수는 1억이라는 수를 한 덩어리로 보아 그 덩어리를 두 개 모은 것이며, 3억은 같은 덩어리를 세 개 모은 것이므로, 덩어리 두 개와 세 개는 2+3=5이며, 덩어리가 다섯 개가 되어 5억이라는 답이 나온다. 이것이 누구든지 하는 생각의 순서임이 틀림없다.

여기서 중요한 것은 '1억을 한 덩어리로 본다'라는 점이다. 이 생각 덕분에 2 0000 0000+3 0000 0000이라는 복잡한 식이 2+3이라는 간단한 식으로 고쳐져서 답이 아주 쉽게 나온다.

이런 방식은 수에 관한 철학자 헤겔의 말을 떠오르게 한다. 헤겔은 이렇게 말했다.

"수의 개념 규정은 집합수와 단위이며, 수 자체는 이 둘의 통일이다."(헤겔, 『소논리학』 상권, 마쓰무라 가즈토松村一人 옮김, 이와나미문고)

1억이라는 수는 한편으로는 1을 많이 모아놓은 것이라는 점에서는 집합수이며, 다른 한편으로는 한 덩어리로 간주한다는 점에서는 단위다. 이 두 가지 상반된 것이 수 안에서 공존하고 있다고 말해야 한다. 헤겔의 얼핏 평범해 보이는 이 말은 수학의 본질에 관한 가장 깊은 통찰을 품고 있는 것이므로, 앞으로도 종종 인용할 것이다.

이상의 설명에서 특히 주의해야 할 것은 1, 2, 3, 4, ……라는 수, 즉 수학자가 말하는 자연수의 계산에 있어서조차도, 단순히 하나하나 센다는 원시적인 방식만으로는 충분하지 않다는 것이다. 약간 큰 수를 계산할 때는, 센다고 하는 원시적인 수단 이외에 앞에서 말했던 것과 같은 논리적인 수단이 꼭 필요하다.

보통 '논리적'이라는 말은 억지를 부리거나 이미 완성되어있는 것의 결함을 지적할 때 편리하지만, 건설적이라고는 말할 수 없는 것으로 이해되는 경향이 있다. 그러나, 위의 계산에 이용된 논리는 결코 그런 것이 아님을 알아차렸을 것이다. 2 0000 0000+3 0000 0000을 2+3으로 치환하는 것을 우리에게 가르쳐주는 논리야말로 수학의 생명이라고 말할 수 있다.

이런 점에서, 우리 아이들이 '신교육'이라는 이름으로 받는 수학 교육에는 한 점 의문도 있을 수 없다. 수학뿐만 아니라 모든 교육이 실생활에 적용 가능한 것이어야 한다. 이것에 반대하는 사람은 없을 것이다. 이런 신조를 내걸고 있는 '신교육'의 주장에는 모든 사람이 두말없이 찬성할 것이다. 하지만 실생활에 적용한다는 것, 실용적이라는 것은 논리적이라는 것과 어떻게 모순될까. 우리가 그저 하나하나 헤아리는 소박한 단계에 머문다면 2+3은 계산할 수 있지만 2 0000 0000+3 0000 0000은 계산하기 불가능하다는 것을 이미 살펴보았다. 그렇게 되면 일일이 센다는 방식은 얼핏 대단히 '실용적'으로 보이기는 하지만 결과적으로는 대단히 '비실용적'임을 알 수 있다. 이런 경우에는 2 0000 0000+3 0000 0000을 2+3으로 치환한다는 논리적인 방식이 훨씬 '실용적'이다.

'신교육'은 수학에서 논리성을 제거함으로써 수학을 실생활에 적용 가능한 실용적인 것이 되게 할 수 있다고 생각하는 것 같은데, 결과적으로 2+3은 계산할 수 있지만 2 0000 0000+3 0000 0000의 답은 내놓을 수 없는, 몹시 비실용적인 아이들이 생겨나지 않으면 다행일 것이다.

가장 초보적인 더하기, 빼기, 곱하기, 나누기조차 일일이 센다는 소박한 순서 이상의 논리가 포함되어있으며, 이 논리를 최대한 이용한 것이 현대수학이다. 마치 천문학자가 망원경을 이용함으로써, 또는 세균학자가 현미경을 이용함으로써 맨눈의 불완전함을 보완하듯이, 수학자는 논리를 이용하여 맨눈의 결함을 보완하는 것이다.

그러면, 수학자는 이 논리를 어떻게 이용하여 무한을 세는 것에 성공한 것일까.

곧장 '무한'으로 향하기 전에, 먼저 '유한'에 대해 간단히 알아보자. 센다는 것 이상으로, 몇 가지 물건의 모임이 머릿속에 떠올랐겠지만, 모든 유한개인 것의 모임, 이것을 쉽게 '집합'이라고 부르자. 이런 집합을 우리는 끊임없이 마주친다. '어떤 필통에 들어있는 연필' '어떤 학교의 학생 전체', 이것들이 집합의 일종이라는 것은 두말할 것도 없다. 칸토어의 집합에 대한 정의는 나중에 이야기하기로 하고, 여기서는 상식적인 집합이란 '어떤 것의 모임'이라고 해두자.

자, 어떤 집합의 개수를 정하기 위해서는, 즉 세기 위해서는 어떤 절차를 거치는지 돌이켜 생각해보자. 예를 들면 A라는 어떤 바구니 안에 아래 그림으로 그려진 만큼의 사과가 있다고 하자.

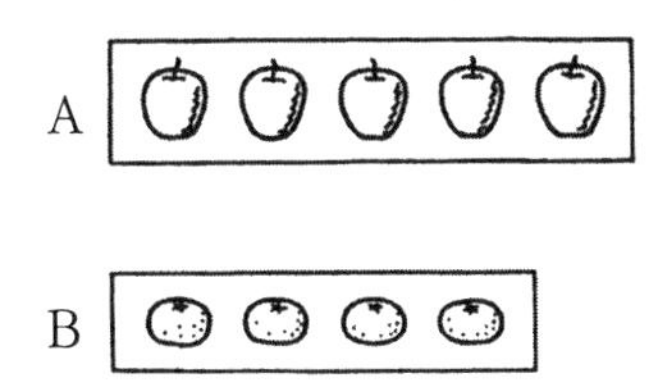

단도직입적으로 '다섯 개'의 사과라고 말하고 싶지만, 우리의 목적은 한 개, 두 개, 세 개…… 등, 생각의 토대를 분석하는 것에 있으므로 '다섯 개'라는 말은 일부러 사용하지 않기로 한다. 또한, A 이외에 B라는 바구니가 있고 그 안에 그림과 같은 귤이 들어있다고 하자.

이 A, B라는 집합 두 개를 비교하여 어느 쪽이 많은지를 정하려면 어떻게 하면 될까. 초등학교 1학년이라면 A를 세어서 '다섯 개', B를 세어서 '네 개'라는 답은 끌어내고, '네 개'보다 '다섯 개'가 크므로 A가 B보다 많다는 결론을 내릴 것이 틀림없다.

하지만, 여기서 대단히 공상적인 가정 한 가지를 해보자. 원인을 알 수 없는 신경병이 전 세계에 유행하기 시작했다. 그 병명을 '숫자 망각병'이라고 하고, 이 병에 걸리면 다른 정신활동에는 문제가 없지만 1이라는 수를 제외하고 2, 3, 4, ……라는 수를 모두 잊어버린다고 하자. 이런 병이 돈다면 당연히 문명 세계는 대혼란에 빠질 것임은 상상하기 어렵지 않다. 그런데도 생존해나가려면 인류는 다양한 집합의 대소를 비교하는 것을 포기할 수는 없다. 이 병에 걸린 인간은 A와 B의 개수의 많고 적음을 어떻게 비교할지 생각해보자.

먼저, A와 B에서 사과와 귤을 한 개씩 골라서 한 세트를 실로 묶어간다. 이 과정을 반복하여 한쪽 집합에 나머지가 없어질 때까지 계속한다.

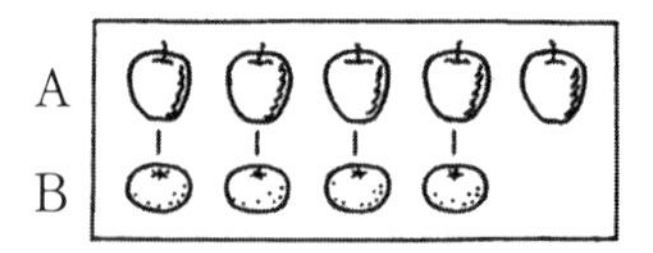

이때, 다른 쪽 집합에 여전히 나머지가 있다면 그쪽이

많이 있고, 동시에 없어지면 같다고 판단할 수 있음이 틀림없다. 그렇다면 자연수라는 개념을 이용하지 않고 집합 두 개의 대소를 비교할 수 있게 된다.

이상의 단순한 과정에 사실은 집합론의, 아니, 현대수학 전체에 걸친 중요한 생각이 숨어있다는 데 주의해야 한다. 그것은 일대일대응, 또는 일대일 사상寫像이라는 개념이다.

A 중 한 개의 사과 a를, B 중 한 개의 귤 b와 묶는 것을 일대일대응, 또는 일대일 사상이라고 한다. 현대수학 전부에 걸친 중요한 개념이라고 하면 대단히 복잡하게 얽힌 것을 상상할지 모르지만, 말로 하면 단지 이것이다. 과학에서 가장 기본적이고 중요한 것은 대개 의외로 단순한 것이 많은데, 일대일대응도 그런 예에서 빠뜨릴 수 없다. 하지만 이 생각은 의외로 단순한 동시에, 의외로 이해하기도 힘들다는 점에 주의하기를 바란다.

두세 가지 예를 들어보자.

예를 들어 하나의 방에 모인 사람의 집합 M을 생각하고, 방 안의 모자걸이에 걸려있는 모자의 집합을 N이라고 한다. 이때 M 중의 사람과 그 사람의 모자를 대응시키면 M에서 N으로 일대일대응, 또는 일대일 사상을 분명히 얻을 수 있다. 물론, 그 안에 모자를 쓰지 않는 취향을 가진 사람이 없다고 보았을 때 이야기지만 말이다.

이 경우에 대응과 사상은 같은 의미지만, 의미상으로는 약간 뉘앙스의 차이가 있다. 사상이라는 말은 실물을 사본 위에 베낀다는 느낌이 있으며, 영어의 매핑mapping이 이것에 해당한다. 이 말은 실제 토지를 지도 위에 베끼는 절차에 비교한 것일 것이다.

기왕에 사상이라고 했으니, 훨씬 더 사상에 어울리는 예를 들어보자. 필름을 스크린에 비출 때, 필름 위의 점의 집합을 M(무한개 있다)이라고 하고 스크린 위의 점의 집합을 N이라고 하면, 여기서도 M에서 N으로 일대일 사상이 성립한다.

이상의 예에서 일대일대응, 또는 일대일 사상은 쉽게 이해했을 것이다. 실제로 우리 주위에는 주의 깊게 살펴보기만 하면 실례는 얼마든지 있다. 이것이 우리의 출발점이다.

자연수라는 개념이 없어도 일대일대응이라는 개념만 있으면 수의 대소를 비교할 수 있음을 알았다. 아니, 잘 생각해보면 이 일대일대응이야말로 자연수로 센다는 것의 기초를 이루고 있음을 깨달았을 것이다.

셈다는 절차는 원소가 유한개인 집합을, 자연수 {1, 2, 3, ……}의 집합과 일대일대응시킨다는 것과 다름없다. 그리고 두 집합의 대소를 세어서 비교하는 것은, 먼저 자연수의 집합과 대응시킨 다음, 서로 비교하는 것이 된다. 막대 두 개의 길이를 비교할 때 자로 재서 비교하는 방법과 대단히 흡사한 것이다. 이때 자에 해당하는 것이 자연수 집합이다. 이에 비해, 세지 않고 직접 일대일대응을 시키는 방식은 막대 두 개를 직접 세워놓고 비교하는 방식에 해당할 것이다.

하지만 숫자 망각병에 걸린 인류가 집합 두 개를 직접 일대일대응으로 비교하는 번거로움을 도저히 참을 수 없게 된다면 어떤 지름길을 생각해낼까.

이 공상적인 질문에 대한 가장 좋은 대답은 숫자 망각병에 걸린 현대문명국 사람과 거의 같은 수준일 것으로 추정되는 남아프리카의 어느 종족의 계산법일 것이다. 커다란 수를 나타내는 수사는 갖고 있지 않지만, 양을 쳐서 생활하고 있는 그들은 저녁이 되어 오두막으로 돌아오는 몇백 마리의 양 중에서 길을 잃은 양이 있는지 확인해야 한다. 그래서 남자 세 명이 오두막 앞에 서서 그들 나름의 방식으로 '세게' 된다. 양 한 마리가 돌아올 때마다 첫 번째 남자가 손가락을 하나씩 편다. 그 남자의 손이 다 펴지면 다음 남자가 손가락 한 개를 편다. 이렇게 해서 수백 마리의 양이 전부 돌아왔는지를 남자 세 명의 손가락을 펴는 방법으로 확인할 수 있는 것이다. 이것은 그야말로 '인간 주판'이라고 부를 만한데, 이 기묘한 주판이야말로 일대일대응에서 1, 2, 3, ……이라는 자연수가 태어나기까지의 과도적인 단계를 훌륭하게 나타내고 있다고 말할 수 있다.

이쯤에서 칸토어가 규정한 집합의 정의를 말해둔다. 그는 다음과 같이 정의했다. "집합이란 우리의 직관 또는 사유가 잘 구별된 대상—이것을 집합의 원소라고 이름 짓는다—을 하나의 전체로 묶은 것이다."

직관의 대상이란, 앞에 제시한 사과나 귤의 집합, 사람이나 모자의 집합, 양 떼의 집합이 들어있다는 것은 말할 것도 없다. 그러나 사유의 대상이 되면 약간 번거로워진다. 예를 들어 한 직선 위의 점의 집합이라고 하면, 점은 폭도 길이도 없고, 맨눈으로 볼 수도 없는 것이므로 직관의 대상이 아니라 사유의 대상에 들어가야 마땅하다. 또한, 원소란 이른바 개개의 멤버를 말한다.

칸토어의 정의에서는 표면에 드러나있지 않지만, 중점

이 무한집합에 있다는 것은 말할 것도 없다.

일대일대응이라는 수단으로 무한집합 두 개의 대소 비교를 하는 것이 집합론의 주안점인데, 이렇게 되면, 오히려 수를 알고 있는 사람보다 '숫자 망각병'에 걸린 사람이 이해가 빠를 것이다. 무한집합 A와 B 두 개를 비교하려면 유한집합으로 연습했을 때와 마찬가지로, A의 원소와 B의 원소를 일대일로 대응시켜볼 것이 틀림없다. 그리고 제대로 대응이 되면 A와 B는 같은 수라고 판단할 것이다.

두 개의 집합, A, B의 원소 사이에 적당한 방법으로 과부족 없이 일대일대응이 되었을 때, 이 집합 두 개는 같은 기수를 갖는다, 또는 같은 농도를 갖는다고 말한다. 농도라는 말은 별로 어울리지 않으므로 여기서는 사용하지 않기로 한다. 이 기수의 정의가 집합론의 출발점이 되었다.

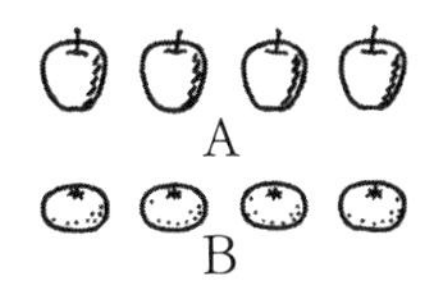

위의 유한집합 A와 B는 분명히 일대일대응이 되므로

같은 기수를 가지며, 이 기수가 4라고 이름 붙여져 있다. 그런데 이 일대일대응의 방법은 한 가지가 아니라 많이 있다. '순열조합'이라는 계산법을 배운 사람은 그것이 1×2×3×4=24라는 것을 알고 있을 것이다.

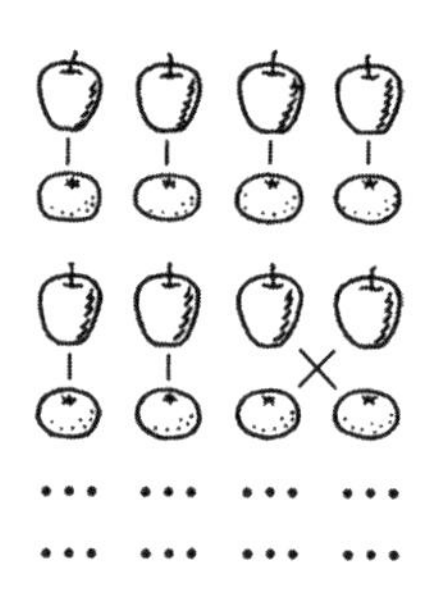

하지만 이 경우 24개 중 어떤 방법으로 해도 과부족이 없다. 두 개의 집합에서 한 개씩 끝에서부터 일대일대응을 해가면 마지막에는 동시에 없어진다. 즉, 유한집합에서는 '적당한 방법으로'라는 조건은 쓸모없다. 만약 유한의 집합에서 세는 순서에 따라 기수가 다른 경우가 있다면, 과연 어떻게 될까. 그렇게 되면 『천 엔짜리 지폐 열 장을 스무 장으로 세는 비결』 같은 책이 날개 돋친 듯 팔릴 것이다.

하지만 무한의 집합에서는 이처럼 참으로 불합리한 일

이 나타나게 된다.

왜냐하면 두 개의 무한집합 사이에 어떤 방법으로 일대일대응이 과부족 없이 되더라도, 다른 방법으로는 한쪽에 나머지가 생기는 경우가 얼마든지 일어날 수 있기 때문이다. 그럴 리가 없다고 생각하는 사람을 위해 다음과 같은 실례를 제시한다.

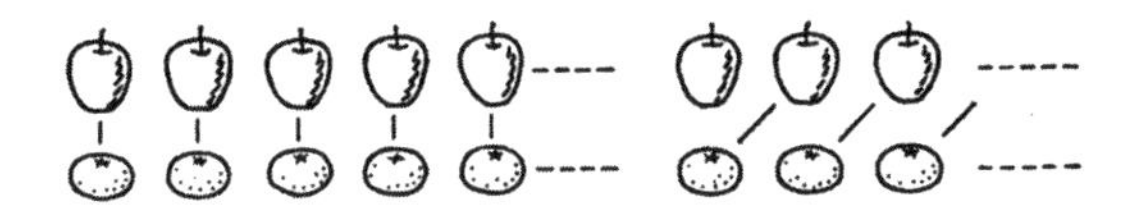

무한개의 사과와 무한개의 귤이 있을 때, 일대일대응을 해가는 데 먼저 위 왼쪽 그림 같이 대응하는 방법도 있으며, 그 경우는 과부족 없이 대응된다.

두 번째로 위 오른쪽 그림의 방식으로 첫 번째 사과를 하나 빼고 대응을 해가면, 이 경우에는 사과에 한 개의 우수리가 생긴다. 사과를 두 개 남기는 것도, 세 개 남기는 것도, 또는 무한개 남기는 것도 쉽게 가능하다. 이 예에서 보이듯이, '적당한 방법으로'라는 조건이 무한집합에는 필요하다는 것이 명백해진다.

이처럼 우리가 유한집합에서 무한집합으로 눈을 돌리

면 전혀 다른 풍경이 펼쳐진다. “여기 들어오는 자, 일체의 희망을 버려라.” 이것은 단테가 그의 ‘지옥’의 문에 걸어둔 유명한 구절인데, 칸토어는 그의 집합론 문에 ‘여기 들어오는 자, 일체의 상식을 버려라’라고 쓰고 싶었을지도 모르겠다.

첫 번째로 우리의 상식을 벗어난 것은 ‘부분은 전체와 같다’라는 역설이다. 그 실례는 앞의 사과와 귤의 예로 쉽게 생각할 수 있지만, 다음과 같은 예를 생각해보자. 천 엔짜리 지폐를 무한하게 가진 큰 부자가 있다고 가정하자. 그에게는 아들이 둘 있었는데, 유산 상속에 대해 다음과 같은 유언을 남겼다. 장남은 지폐 번호가 홀수인 지폐를 받고, 차남은 짝수인 지폐를 받는다. 이렇게 하면 장남도 차남도 무한한 장수의 천 엔 지폐를 받고, 둘 다 아버지와 같은 부자가 될 것이다. 이것을 수학적으로 말하면, 자연수와 그것의 두 배인 자연수를 대응시키면 자연수 전체의 집합과 그 일부분(부분집합이라고 한다)인 짝수 전체가 일대일대응을 한다. 즉 같은 기수를 갖는 것을 알 수 있다.

1, 2, 3, 4, ……
↓ ↓ ↓ ↓
2, 4, 6, 8, ……

이런 일은 유한집합에는 결코 일어날 낌새가 없으므로, 데데킨트Julius Wilhelm Richard Dedekind(1831~1916)라는 학자는 부분이 전체와 같은지 여부를, 유한집합과 무한집합을 구별하는 중요한 기준으로 삼았을 정도다.

하지만 부분이 전체와 같다는 것의 발견은 딱히 칸토어에서 시작된 것은 아니다. 이것은 이미 1638년에 나온 책에도 또렷하게 적혀있다. 그 책은 근대물리학의 아버지 갈릴레오(1564~1642)의 『신과학 대화』(곤노 다케오今野武雄·히타 세쓰지日田節次 옮김, 이와나미 문고)다.

오늘날에도 결코 신선함을 잃지 않는 이 대화에는 다음과 같은 대목이 있다.

살비아티Salviati: 그것은 우리가 제한된 지적 능력으로 무한을 논하고, 유한한 한정된 것에 대해서 알고 있는 다양한 성질을 무한히 누르는 데서 생기는 곤란함 가운데 하나입니다. 왜냐하면, 크다거나 작다거나, 또는 서로 같다는 말은 무한한 것에는 통용되지 않기 때문입니다. 그것에 대해서 한 가지 예가 생각났으니, 이 문제를 제출한 심플리치오에게 질문하는 형식으로 그것을 이야기해보겠습니다. 그렇게 하는 것이 확실할 테니까요.

물론 당신은 제곱수와 제곱수가 아닌 수를 구별할 수 있을 것으로 생각합니다만?

심플리치오Simplicio: 잘 알고 있지요. 제곱수는 임의의 수에 그 자신을 곱해서 나온 수입니다. 예를 들면 4, 9는 각각 2, 3으로 만들어지는 제곱수입니다.

살비아티: 좋습니다. 그러면 그것의 곱을 제곱수라고 부르는 동시에 그것의 인수를 변 또는 근이라고 부르는 것, 또한 두 개의 같은 인수의 곱이 아닌 수는 제곱수라고 부르지 않는다는 것도 알고 있겠지요. 거기서 제곱수와 비제곱수를 포함한 모든 수는 제곱수만 포함한 것보다 크다고 단언해도 거짓은 아니겠지요.

심플리치오: 그렇고말고요.

살비아티: 만약 다시 내가 제곱수는 몇 개 있는가 하고 질문한다면 당신은 그것에 대응한 근의 수만큼 있다고 대답하겠지요? 정말로 그렇지요. 모든 제곱수는 자신의 근을 가지고 모든 근도 자신의 제곱수를 가지며, 또한 한 개 이상의 근을 가진 제곱수는 없고, 한 개 이상의 제

곱수를 가진 근은 없으니까요.

심플리치오: 정말로 그렇습니다.

살비아티: 하지만, 근은 몇 개 있느냐 하면, 어떤 수도 어떤 제곱수의 근이라고 생각할 수 있으므로, 그것은 수 전체와 같을 뿐이다, 이렇게 말하지 않을 수 없습니다. 그렇다면 제곱수는 근과 딱 같은 만큼 있으며, 또한 모든 수는 근이므로 제곱수는 수와 같은 만큼 있다고 말하지 않을 수 없습니다. ……

이상의 대화에서 갈릴레오가 말하려고 하는 것은, 우리의 언어로 표현하면 자연수의 집합과 그것의 부분집합인 제곱수의 집합이,

$$\begin{array}{c} \{\ 1\quad 4\quad 9\quad 16\quad 25\ \cdots\cdots\ \} \\ \updownarrow\quad \updownarrow\quad \updownarrow\quad \updownarrow\quad \updownarrow \\ \{\ 1\quad 2\quad 3\quad 4\quad 5\ \cdots\cdots\ \} \end{array}$$

이와 같은 방식으로 일대일대응이 가능하다는 것과 다름없다.

갈릴레오가 꿰뚫어 보았던 곤란함은 명백히 무한에 붙어 다니는 본질적인 곤란함이며, 단지 그가 '제한된 지적

능력'의 무기력함을 자각하며 멈춰 선 곳에서 칸토어가 출발했다고 말할 수 있다.

두 개의 집합 A, B 사이에 어떤 적당한 방법으로 일대일대응이 이루어지면 A와 B는 기수가 같다고 하며, 기호로는

$$\overline{\overline{A}} = \overline{\overline{B}}$$

라고 쓴다.

집합 위에 두 줄의 선을 그어서 집합의 기수를 나타내는 방식은 칸토어가 시작했는데, 그는 집합에서 원소의 개성과 순서를 무시한다는 뜻으로 두 줄의 선을 그었다고 한다. 즉, 한 줄의 막대는 한 번의 추상을 의미하는 것이었다.

그러면, 도저히 일대일대응이 안 되는 경우는 어떻게 될까.

A, B 사이에 어떤 방법으로 시도해보아도 과부족 없는 일대일대응이 이루어지지 않지만, A와 B의 어떤 부분집합 사이에는 일대일대응이 이루어졌을 때, 그때는 안심하고 A의 기수보다 B의 기수가 크다고 해도 될 것이다.

$$\bar{\bar{A}} < \bar{\bar{B}}$$

이렇게 되면, 유한뿐만 아니라 무한의 기수 사이에 대소 비교가 가능해진다.

무한의 기수라도 해도 우리에게 가장 친근한 것은 물론 1, 2, 3, 4, ……라는 자연수 전체 집합의 기수다. 이 기본적인 집합의 기수를 가산可算이라고 한다. 피라미드 하나를 쌓아 올리는 데 수십 년이 걸릴 만큼 느긋했던 고대 이집트 사람들은 백만이라는 수를 두 손을 들어 올리고 무릎을 꿇고 있는 사람의 형태로 나타낼 정도로 예술적이기도 했다.

백만이라는 수는 거의 무한에 가까운 큰 수로서, 이집트 사람들은 두려움과 존경심을 갖고 다루었음이 틀림없지만, 바쁜 현대의 수학자는 이 무한의 기수조차 몹시 살풍경한 a나 $\aleph_0$라는기호로 나타내고 있다. a는 독일어의 '가산'이라는 말의 머리글자이며, $\aleph_0$는 히브리어의 a에 해당하는 알레프(히브리어 알파벳의 첫째 글자)에 0을 덧붙인 기호로 '알레프 제로'라고 읽기로 약속되어있다. 가산무한이 무한 중에서는 가장 작은 것이기 때문에 0을 붙인 것이다. 하지만, 백만이라는 수를 두 손을 들어 올려

경탄하고 있는 상형문자로 표시한 이집트 사람들 식으로 무한의 기수 α를 나타내려면 놀라서 기절한 사람이라도 그려야 하지 않을까…….

이 $\aleph_0$라는 히브리 문자를 수학에 최초로 도입한 사람도 칸토어였다.

어떤 통계 마니아가 조사해보았더니, 수학 논문을 싣는 잡지가 크고 작은 것을 합쳐서 전 세계적으로 800종 이상이나 된다고 한다. 그만큼 새로운 연구를 다량 생산하고 있는 현대수학에는 당연히 수많은 기호가 필요하겠지만, 그래도 주의 깊게 사용하면 대부분 로마자, 그리스 문자, 독일 문자만으로 충분하다. 하지만 칸토어는 집합론이라는 새로운 술을 절대로 낡은 부대에 따를 수 없다고 생각하여 일부러 히브리 문자를 가져왔을지도 모르겠다. 하지만, 칸토어가 동양의 한자를 몰랐다는 것은 약간 유감이다. 수학이 천 년 동안 써도 다 쓰지 못할 만큼 많은 상형문자의 재고를 주체하지 못해 매우 당혹스러운 우리는, 기꺼이 문자를 수출해주었을 텐데 말이다.

α라는 기수를 가진 무한집합, 즉 가산집합이 자연수뿐이라면, 특별히 α라는 기호를 붙일 필요도 없고, 또한 기수라는 생각조차 태어나지 않았을 것이다. 하지만 α라는

기수를 가진 무한집합은 앞으로 점점 알 수 있듯이, 의외로 많다.

1, 2, 3, 4, ……라는 수를 수학자는 아무렇지 않게 '자연수'라고 부르고 있다. 우리의 수학이 이 자연수에서 시작되는 것은 의심의 여지가 없다. 자연이라는 명칭이 자연 그 자체처럼 오래되었다는 의미 이외에, 어떤 사람들에게는 자연 자체와 같이 인공에 의해 오염되지 않았다는 의미로 와닿을 것이다. 인류가 아직 하나하나 흩어져 있던 것, 예를 들면 한 부락의 사람 수, 겨울까지 저장해두어야 하는 열매의 수, …… 등을 셀 필요밖에 느끼지 못했던 태고의 시대에는 자연수만으로 충분했을 것이다. 그러나, 예를 들어 황허나 나일강처럼 큰 강 주변에 많은 사람이 모여서 농경을 하고, 국가가 세워지게 되어 논밭의 면적을 측정하거나 수확량을 측정하거나 세금을 매길 필요가 생기면 이제 1, 2, 3, 4, ……라는 자연수만으로는 부족해진다. 아무래도 나눗셈, 곱셈의 필요가 생기고 언제든지 나눗셈이 가능해지려면 분수가 요구된다. 따라서 고대 중국, 이집트, 인도, 바빌로니아와 같은 커다란 농업국가에서 요구된 수는 기껏해야 분수까지였다. 이처럼 생산양식이 대국적으로는 수학의 발전 단계

를 정하고 있었다. 갈릴레오에서 시작되는 근대물리학은, 그 수단으로서 뉴턴, 라이프니츠의 미분적분학 성립을 재촉했는데, 여기서는 분수 이상의 수인 무리수가 불가결해진다.

이 발전의 방향을 현대까지 연장하면 지름이 5미터인 커다란 망원경이나 거대한 사이클로트론(Cyclotron, 하전입자를 가속시키는 입자가속기—역주)이 활동하고 있는 현대에 얼마나 복잡한 수가 구사되고 있는지, 약간 상상이 될 것이다. 거기에는 자연수, 분수, 무리수, ……에서 시작하여 복소수, 다원수多元數, 무한기수, 무한서수(序數, '첫째', '둘째'처럼 대상의 순서를 나타내는 수—역주), 디랙Dirac의 q수, …… 등, 헤아릴 수 없을 만큼 다종다양한 수가 넘쳐난다.

그렇지만 인류가 원자력을 발견한 현대에도 원시시대를 그리워하는 소수의 사람이 있듯이, 현대수학이 낳은 터무니없이 '인공적인' 수의 중압 속에 있으며, 자연수 시대를 향한 억누를 수 없는 노스탤지어를 품은 수학자들이 있다. 루소식으로 말하면 '자연수로 돌아가라'라고 외치는 이들 복고주의자 중에서도 가장 급진적인 수학자는 뭐라 해도 칸토어의 화해하기 힘든 적수였던 크로네커Leopold Kronecker(1823~1891)일 것이다. "나의 사랑하는 신은 정수를 선물하셨다. 그 이외의 수는 모두 인간의 작품에 지나지 않는다." 이것은 크로네커의 유명한 신앙고백인데, 여기서 정수라는 말은 오히려 자연수라는 의미였을 것이다. 왜냐하면 정수는 1, 2, 3, 4, ……라는 자연수 이외에 0이나 −1, −2, −3, −4, ……와 같은 '인공적'인 수도 포함하고 있기 때문이다.

우리가 이 원시적인 자연수의 순수한 세계에 머물러 있으려면 한편으로 인류는 모든 탐구를 그만두고 모든 기계를 파괴하여 아담의 시대로 돌아갈 필요가 있을 것이다. 크로네커식의 '자연수로 돌아가라'도, 결국은 인공적인 수에 반발하는 현대수학자의 덧없는 꿈에 지나지 않을 것이다.

1, 2, 3, 4, ……라는 자연수 다음에 등장한 것은 분수인데, 이 분수는 말할 것도 없이 자연수의 비로 표시된다. 예를 들면 $\frac{1}{2}, \frac{2}{3}, \frac{5}{6}$……이다.

분수 중에서 특히 분모가 1인 것을 취하면 그것은 자연수가 되므로, 자연수 전체는 분수 전체 집합의 부분집합이 된다. 상식적으로 생각하면 분모는 2, 3, ……이라는 무수한 종류가 있으므로 분수가 자연수보다 훨씬 많을 것 같다. 자연수와 분수를 비교하는 것 자체가 쓸데없는 일이며, 당연히 분수가 많다. 도형적으로 생각해도 자연수는 직선 위에 놓였을 때, 1씩 간격을 두고 띄엄띄엄 늘어선다. 하지만 분수는 직선 위의 모든 곳에 빽빽이 늘어선다. 좀 더 정밀하게 말하자면, 직선 위의 어떤 곳에 아무리 짧은 선분을 그어도, 그 안에는 분수가 들어간다. 이 점에서도 분수가 많다는 것은 의심의 여지가 없다고 생각할 수 있다. 그러나, 여기서도 우리는 '일체의 상식을 버리라'라는 경구를 다시 한번 떠올리게 된다. 즉, 분수 전체의 집합은 또한 자연수와 같은 α다.

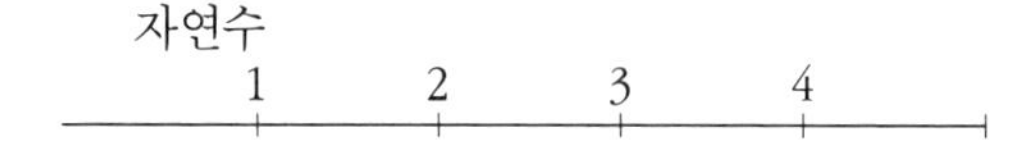

그러면, 왜 그런 역설이 생기는지, 그것을 실험으로 나타내려면 상당히 멋진 방식으로 일대일대응을 해야 한다. 그러기 위해서 가로세로로 눈이 무한히 퍼져있는 바둑판의 눈을 생각하고 그 위에 분수를 놓아보기로 하자. 먼저 분수를 분모에 따라 분류해본다. 분모가 1인 것을 첫 번째 눈에 놓고, 분모가 2인 것은 두 번째 눈에 놓는다…….

결국 모든 분수가 하나하나의 눈에 놓이게 된다.

$\frac{1}{1}$,	$\frac{2}{1}$,	$\frac{3}{1}$,	$\frac{4}{1}$,	…
$\frac{1}{2}$,	$\frac{2}{2}$,	$\frac{3}{2}$,	$\frac{4}{2}$,	…
$\frac{1}{3}$,	$\frac{2}{3}$,	$\frac{3}{3}$,	$\frac{4}{3}$,	…
…	…	…	…	…

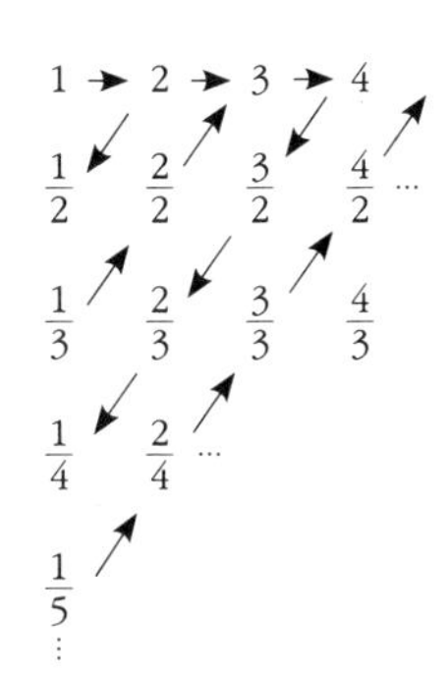

우리의 임무는 이 집합과 1, 2, 3, ……이라는 집합 사이에 과부족 없이 일대일대응을 시키는 것인데, 그 대응을 좀 더 알기 쉽게 말하자면 1, 2, 3, ……이라는 번호판을 하나하나 빈틈없이 배열할 수 있으면 된다. 만약 1단째에 왼쪽에서 오른쪽으로 배열해간다면, 1단째만으로 번호판이 무한해 배열되므로 2단째부터는 번호판이 놓일 수 없다. 센스 있는 사람이라면 바로 생각해내겠지만, 예를 들면 위의 오른쪽 그림처럼 지그재그로 방문해가면 된다.

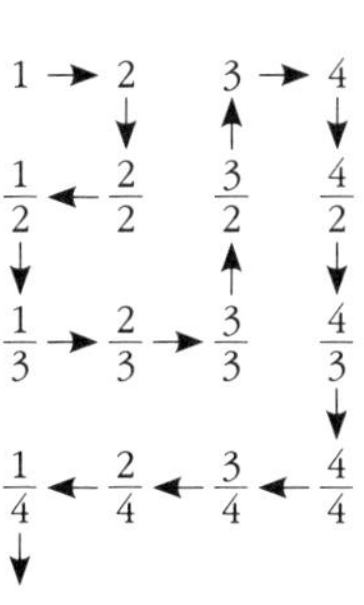

또한 약간 취향이 특이한 누군가는 오른쪽 그림 같은 길을 생각할지도 모르겠다. 다만 이렇게 할 때, $\frac{2}{2}$, $\frac{3}{3}$, ……등은 실질적으로는 1과 같으므로, 이미 방문이 끝

난 것으로 보아 건너뛰면 된다. 이리하여 일단 분수 전체와 자연수 전체 사이에는 일대일대응이 되었다. 즉, 이것은 기수의 정의에 따르면, 두 개의 집합의 기수가 모두 a라는 것과 다름없다.

이렇게 이치로 따지면 처음에 반신반의했던 독자도 마지못해 승복하지 않을 수 없을 것이다. 이쯤에서, 대개 무정한 수학은 독자의 불만에 찬 미심쩍어하는 얼굴을 무시하고 앞으로 나아가버린다. 이미 증명된 것이므로 모든 의문은 쓸모없을지 모르지만, 그런 독자의 불신이 어디서 일어났는지를 설명하지 않는 한, 친절한 설명이라고는 할 수 없을 것이다. 그래서 다음으로 독자의 불신 토대를 밝혀내 보기로 하자. 사실은, 그것이 집합론의 근본적인 성격을 밝혀내는 계기도 되기 때문이다.

우리가 일상적으로 만나는 구체적인 집합은 과연 어떤 것일까. 예를 들어 가족은 몇 명의 사람을 원소로 하는 집합인데, 이런 집합의 각 원소인 각 개인은 부모 자식 관계, 부부 관계, 경제 관계, …… 등의 복잡한 상호관계의 그물눈으로 연결되어있다. 예를 들어 5인 가족이 있다면 집합론은 이것을 기수가 5인 집합으로 보는 것을 말할 필요도 없다. 또한 한편으로, 어떤 때에 전철 한 칸에 서로 전혀 알지 못하는 사이인 승객 다섯 명이 타고 있다고 하자. 이 다섯 명은 집합론의 관점에서 보면 역시 기수 5인 집합이다. 5인 가족의 집합과 승객 다섯 명의 집합은 각 원소 사이에 어쨌든 일대일대응이 가능한 것은 분명하므로, 칸토어의 집합론에서 보면 완전히 동일한 집합으로 여겨진다. 이것을 뒤집어 말하면 가족의 각 원소, 즉 가족의 구성원 사이에 있는 다양한 상호관계는 모두 무시되고 전혀 모르는 타인의 집합으로 여겨지는 것이 된다. 이처럼 원소 간의 관계를 일부러 무시하는 것이 집합론의 주된 특징이다.

훨씬 큰 인간의 집합, 예를 들어 국가의 경우를 생각해 보자. 기수가 수천만이 될 만한 인간의 집합인 국가는 헤아릴 수 없을 정도로 많은 그물눈으로 각 개인, 말하자면 각 원소가 연결되어있다. 법률, 경제, 습관, 도덕, …… 등의 여러 관계로 각 개인은 서로 관계하고 있으며, 또한 하나의 국가는 지방이나 직업, 계급 같은 소구분으로 나뉘어있다. 구체적인 국가는 대개 이러한데, 이런 상호관계의 그물눈을 모두 무시하고 인구만 남겨서 생각하는 방식이 집합론의 입장이라고 말할 수 있다. 그러므로 정체政體나 체제는 전혀 다르지만, 인구만은 같은 두 개의 국가는 집합론의 입장에서 보면 같은 것이다. 5천만 인구를 가진 고도로 조직화된 국가도, 5천만의 군집과 아무런 차이가 없다.

또 하나의 예를 들어두자. 이것은 많은 점에서 칸토어의 선구자로 여겨지는 볼차노Bernard Bolzano(1781~1848)가 『무한의 역설』(1851)이라는 책에서 언급하고 있는 예다.

한 개의 깨지지 않은 완전한 컵과 깨진 컵을 비교하면, 그 물건 두 개는 분명히 같은 부분으로 이루어져 있다. 그러나 각각의 조각, 말하자면 원소의 연결 방법이나 배열 방법은 전혀 다르다.

이때 각각의 원소의 연결 방법이나 배열 방법과 관계없이 정해지는 개념을 집합이라고 이름 붙인다. 볼차노는 이렇게 쓰고 있다.

이것은 분명히 칸토어의 집합론을 어떤 의미에서 예견한 것이라고도 말할 수 있다. 칸토어의 집합의 정의에는 연결 방법이나 배열 방식은 관계없다는 중요한 것이 쓰여있지 않으므로 볼차노의 설명을 곁들이면 집합의 완전한 설명이 될 것이다.

살아있는 인간의 경우와 마찬가지로, 자연수의 집합 역시 그것 자신의 상호관계가 있다. 예를 들면 원소끼리

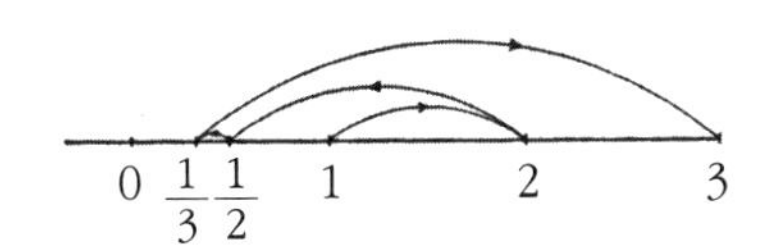

의 대소 관계 $1<2$, $3<5$, $10<15$, ……도 그런 하나이며, 분수 또한 마찬가지다.

앞에서 언급한 지그재그 대응 방법에서는 이 대소 관계가 어떻게 될까. 분수를 직선 위에 놓고 아래의 순서로 차례대로 방문해보자.

$\frac{1}{1}$	$\frac{2}{1}$	$\frac{1}{2}$	$\frac{1}{3}$	$\frac{3}{1}$	……
1	2	3	4	5	

다섯 번째 눈까지 써보아도 방문 방법은 대단히 난잡하고 분수의 대소 관계 따위는 완전히 무시되고 있음을 알 수 있다. 그러므로 일대일대응에 대소 관계를 존중할 것을 요구하면, 자연수와 분수의 일대일대응은 전혀 불가능해진다. 요컨대 집합론의 일대일대응은 대단히 난폭하고 강제적인 대응이라고 말하지 않을 수 없다.

집합론에서 허락되는 일대일대응은 이처럼 집합이 지

닌 어떤 내부관계도 무시하는 강제적이고 대단히 난폭한 것이므로, 모든 내부관계는 파괴되며, 그런 파괴를 견뎌내고 겨우 살아남은 것이 기수라고 말할 수 있을 것이다.

이렇게 보면, 집합론이야말로 수학 중에서 가장 추상적인 학문이라고 할 수 있다. 칸토어를 정신병원으로 보낸 것이 단순히 크로네커를 비롯해 외부에서 가해진 논란뿐이었을까. 반드시 그렇지는 않았을 것이다. 공기의 결핍이 히말라야 등반가를 괴롭히듯이, 구체성의 결핍이 칸토어를 괴롭힌 것은 아니었을까.

이상에서, 자연수를 분수로 확장하는 정도로는 α보다 큰 무한기수는 얻을 수 없음을 알았는데, 수를 확대하는 인간의 억누르기 힘든 충동은 크로네커의 비난을 무시하고 새로운 인공적인 수를 만들어내지 않을 수 없게 했다.

변의 길이가 1미터인 정사각형의 대각선 길이가 $\sqrt{2}=1.414\cdots\cdots$미터라는 것은 피타고라스 때부터 잘 알려져 있다. 그런데 이 $\sqrt{2}$라는 수는 아무리 해도 분수로 딱 떨어지지 않는 수라는 점은 피타고라스도 마지못해 인정하지 않을 수 없었다. 만약 $\sqrt{2}$가 분수가 아니라는 것을 트집 잡아 그것을 수로 인정하지 않기로 하면 '정사각형의 대각선 길이'라는 문장은 난센스가 되어버릴 것이다. 그러므로 적어도 기하학을 하는 한, +, −, ×, ÷라는 네 개의 연산 이외에 제곱근 $\sqrt{\ }$라는 연산을 허용하지 않을 수 없게 된다. 2차방정식을 풀려면 +, −, ×, ÷와 $\sqrt{\ }$라는 계산법으로 충분하다는 것은 잘 알려져 있으므로, 이것을 바꿔 말하면, 기하학자에게는 최소한 2차방정식을 푸는 자유가 주어지지 않으면 안 된다. 이만큼의 자유가 주어진 기하학자는 과연 어떤 것이 가능하고 어떤 것이 가능하지 않을까. 예를 들면 $\sqrt[3]{2}$ 같은 수는 3차방정식을 풀게 되니 그의 능력 밖인 문제가 된다. 또한 임의의 각을 세 등분 하는 것도, 2차방정식까지밖에 풀 수 없는 기하학자에게는 가능하지 않은 일이다.

더 나아가, 기하학자 대신에 대수학자가 등장하면 어떻게 될까. 대수학자의 주된 업무는 2차나 3차방정식뿐만 아니라 4차, 5차에서 일반적으로 고차의 대수방정식

$$a_0x^n+a_1x^{n-1}+\cdots\cdots+a_{n-1}x+a_n=0$$

을 푸는 것에 있으므로, 자유의 정도는 훨씬 확대된다. 여기서, 이 방정식의 계수 a_0, a_1, a_2, ……, a_n은 이미 알려진 수라고 하자. 이처럼 일반 n차방정식이 언제

나 풀리게 되면 n제곱근은 언제든지 구할 수 있다. 왜냐하면 계수는 임의로 취할 수 있으므로, 특별히 $a_0=1$, $a_1=a_2=a_3=\cdots a_{n-1}=0$, $a_n=-a$라고 하면, 방정식은 $x^n-a=0$이 되며, 그 근은 $x=\sqrt[n]{a}$ 이기 때문이다.

따라서 +, −, ×, ÷ 이외에 '대수방정식을 푼다'라는 계산법을 허용하게 되면, 자연수에서 그런 수단으로 얻을 수 있는 인공적인 수는 무시무시하게 많아진다는 것이 상상된다. 이런 수단으로 만들어지는 수를 수학자는 '대수적 수'라고 부른다. 정의라는 형태로 말하면 다음과 같다. 즉, a_1, a_2, ……, a_n이 모두 양의 정수나 음의 정수일 때 대수방정식

$$a_0x^n+a_1x^{n-1}+\cdots\cdots+a_{n-1}x+a_n=0$$

의 근이 될 수 있는 수를 대수적 수라고 부르기로 하자. 이런 수의 동료에는 $\sqrt{2}$나 $\sqrt[3]{5}$, ……등 대단히 많은 수가 들어와서, 분수에 비하면 문제가 되지 않을 정도로 많은 것 같다.

얼마나 많은 종류가 있는지를 나타내기 위해 하나의 실례를 보자. 예를 들면 $\alpha=\sqrt[3]{2-\sqrt{2}}$,라는 수도 이런 대수

적 수이다. 그러기 위해서 α가 어떤 정수를 계수로 하는 대수방정식의 근이 되어있는 것을 나타내면 된다. 먼저 양변을 세제곱하면 $\alpha^3 = 2-\sqrt{2}$가 되어

$$(\alpha^3-2)^2=2$$

$$\alpha^6-4\alpha^3+4=2$$

$$\alpha^6-4\alpha^3+2=0$$

마지막 식은 분명히 정수의 계수를 가진 6차방정식이며, α는 분명히 그 근이므로 대수적 수임이 틀림없다.

이처럼 많은 수는 가산보다 크고, α보다 큰 기수를 갖는다는 것은, 우리의 상식에서 보면 문제없는 것 같은 생각이 든다.

그런데 우리의 상식은 또다시 뒤통수를 얻어맞을 운명이다. 결론을 말하자면 대수적 수 전체는 가산, 즉 기수는 여전히 α이다.

대수적 수가 가산이라는 것을 증명하는 데에는 상당히 고도의 테크닉이 필요하므로 여기서는 생략하기로 한다. 확실히 대수적 수가 가산, 즉 자연수와 일대일대응한다는 칸토어의 주장은 당시 학계를 경악시킨 결과 중 하

나였다.

우리가 지금까지 만난 집합은 자연수도, 분수도, 그리고 그것보다 많은 것처럼 보이는 대수적 수까지가 마찬가지로 α라는 기수를 갖고 있다는 것을 알았다. 그러면, 무한집합은 모두 α라는 기수를 가진 건 아닐까. 하지만 그렇지 않다. α 이상의 기수를 가진 집합이 분명히 있는 것이다. 심지어 그런 집합은 아주 가까이에 존재한다. 그것은 선분 위의 점의 집합이다.

선분 위의 점이 가산이 아니라는 것을 증명하는데, 수학자가 자주 이용하는 귀류법이라는 방법을 쓰기로 하자. 그것은 이제부터 증명하려고 하는 결론과 정반대의 결론을 미리 가정하고, 그 가정이 틀렸음을 입증하여 목적한 결론을 끌어내는 방식이다. 이런 방식이 대단히 심술궂은 느낌을 주는 것은 부정할 수 없을 것이다.

베이컨은 "실험이란 자연을 고문하는 것이다"라고 말하고 있다. 자연이 만만찮은 상대이며 분광기나 시험관, 메스 등의 고문 도구로 몰아세우지 않으면 비밀을 자백하지 않는 것은 분명한 사실이다. 그러므로 과학이 어딘가 잔혹한 면을 품고 있다는 것도 부정할 수 없을 것이다. 수학의 경우에는, 상대가 수나 도형이라는 무생물이므로 고문이라고는 말할 수 없지만, 이 귀류법 같은 방법은 일종의 유도 심문이 될 수도 있겠다.

자, 귀류법을 이용하여 선분 위의 점이 도저히 1, 2, 3, ……의 자연수와는 일대일대응을 하지 않는 것을 증명해 보자. 먼저 귀류법의 정석에 따라 반대인 것, 즉 선분 위의 점이 자연수 1, 2, 3, ……과 과부족 없이 일대일대응 된 것이라고 가정하자. 그때 선분의 길이가 1이 되도록 눈금을 조절하면 선분 위의 점은 0과 1 사이의 수라고 생각해도 된다. 이 점을 나타내는 수는 모두 십진 소수로 a=0.1256482977……과 같이 나타낼 수 있음은 말할 것도 없다. 이런 수에 1, 2, 3, ……이라는 번호가 붙어있다고 하면, 아래와 같이 쓸 수 있을 것이다.

첫 번째는 0.**1**257032……

두 번째는 0.4**4**62397……

세 번째는 0.25**6**7843……

네 번째는 0.986**2**354……

……………………

여기서 다시 한없이 확장된 바둑판이 생겨나서 그 바

둑판 하나하나의 눈에 숫자가 배열된 셈이 된다. 이제 우리는 이 바둑판 위에 나타나지 않은 소수를, 이 판 위의 숫자를 갖고 만들어서 보여줄 참이다. 먼저 대각선으로 늘어선 숫자를 보자. 왼쪽 위에서 오른쪽 아래로 차례로 배열하면 1, 4, 6, 2, ……라는 숫자가 늘어선다. 여기서 몹시 심술궂은 아이디어를 생각해낸다. 대각선으로 늘어서 있는 숫자로 0.1462……라는 소수를 만든 다음, 그 각각의 자릿수가 모두 다른 제2의 소수, 예를 들면 0.2573……이라는 것을 만들면, 분명히 제2의 소수는 바둑판의 어떤 위치에도 나타나지 않는다. 왜냐하면 첫 번째 소수와는 첫 번째 자릿수의 숫자가, 두 번째 소수와는 두 번째 자릿수의 숫자가, 세 번째 소수와는 세 번째 자릿수의 숫자가, ……다르므로 이 소수는 바둑판 어디에도 차지할 위치가 없기 때문이다.

단, 소수로 나타내려면 예를 들어 유한소수는 0.2=0.1999……라는 두 가지 표현 방법이 있으므로 미리 한 가지로 통일해두면 좋다.

즉, 가산이라는 최초의 가정은 부정되고, 유도심문적인 귀류법은 제대로 성공한 것이다. 칸토어는 이 증명법을 대각선법이라고 이름 붙였다.

이상의 논의로, 직선 위의 점 전체의 집합은 기수가 a보다 크다는 것을 알았다. a보다 큰 이 기수를 c로 나타내기로 한다. 여기서 유한의 부정으로 어떤 적극적인 의미를 갖는다고는 생각되지 않았던 무한 사이에도 대소의 단계가 있다는 점이 명백해졌다. 칸토어의 이 발견은 커다란 센세이션을 일으켰다.

위에서는 길이가 1인 선분을 문제로 했지만, 이것을 직선 전체로 해보아도 기수는 딱히 늘어나는 일은 없다. 즉 직선 전체의 점의 집합과 길이가 1인 선분의 점집합은 기수가 같은 것이다. 그것을 증명하려면 다음과 같이 투영 방식을 사용하면 된다. 길이가 1인 선분을 한가운데서 접어서 그림처럼 직선 위에 놓고 O점에서 투영한다.

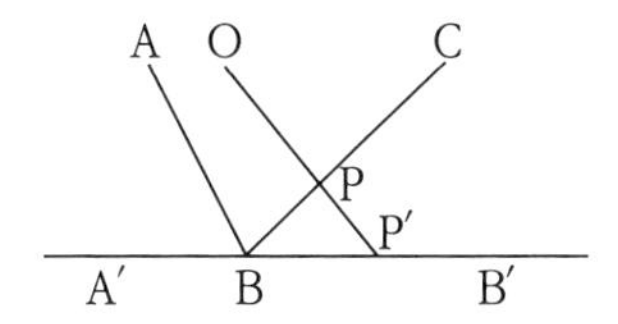

그렇게 하면 P에서 P′의 대응은 일대일대응이 되며, 선분 ABC가 직선 A′B′와 같은 기수를 갖는 것을 알 수 있다.

다시 한번, 대수적 수에 대해서 생각해보자.

일직선상의 점, 또는 모든 실수는 c만큼 있는 것이 되었는데, 이미 알려져 있듯이, 그중에서 대수적 수는 a뿐이므로, 실수 중에는 대수적이 아닌 것이 분명히 있다. 이것을 달리 말하면, 어떤 정수 a_1, a_2, $a_3 \cdots a_n$을 가져오더라도, $a_0\alpha^n + a_1\alpha^{n-1} + \cdots\cdots + a_{n-1}\alpha + a_n = 0$은 되지 않을 α가 반드시 있어야 한다. 이런 수를 초월수라고 한다. 초월이라는 이름은 약간 비현실적인 것 같은 느낌을 주지만, 그것은 단순히 '대수적이지 않은 수'라는 의미다. 그 증거로 우리가 초등학생 때부터 친숙한 원주율 π=3.14159······나, 미적분 첫 부분에 나오는 자연대수의 밑 e=2.718······ 등은 이 초월수의 일종이라는 것을 알고 있다.

실수 전체의 기수 c보다 대수적 수의 기수 a가 작다는 것에서, 실수 중에는 반드시 대수적이 아닌 수, 즉 초월수가 분명히 있다는 증명은 분명 간단하기는 하지만, 이것으로는 개개의 원주율 π나 e가 초월수인지 아닌지 가려낼 수는 없다. π나 e가 초월수라는 것을 확인하려면, 어떤 정수 계수의 대수방정식도 만족하지 않는다는 것을 알면 되지만, 대수방정식이란 그야말로 무수히 있으므로 하나하나 확인할 수는 없는 노릇이다.

$$2x+3=0$$

$$x^2-3x=6=0$$

$$4x^3-5x^2+2x-10=0$$

……………………

따라서 π나 e의 초월성을 증명하려면 고도의 기술이 필요한데, 1873년 최초로 이 곤란을 극복하고 e가 초월수임을 증명한 사람은 프랑스의 에르미트Charles Hermite(1822~1901)였다. 그로부터 9년이 걸려 1882년, 독일의 린데만Carl Louis Ferdinand von Lindemann(1852~1939)이 원주율 π의 초월성을 증명했다. 린데만이 악전고투 끝에 드디어 최후의 목적을 달성했을 때, 완고한 복고주의자 크로네커는 냉담하게 말했다. "자네의 π에 관한 아름다운 연구가 대체 무슨 쓸모가 있다는 건가. 왜 그런 문제를 연구하는 건가. 왜냐하면 π라는 수는 원래 존재하지 않는데 말일세……."[1]

정수 이외의 수를 모두 인간의 작품이라고 보았던 크로네커가 보기에는 π도 e도 존재하지 않는 유령에 지나지 않았을 것이다. 최소한 π와 e의 존재를 인정했다면 그의 "자연수로 돌아가라"라는 외침은 일관성이 무너지는 처지가 되었을 것이다.

그건 그렇지만, 정수만을 창조하여 인간에게 선물한 크로네커의 신은 대단히 무정했거나 아니면 대단히 무식했음이 틀림없다.

c가 a보다 크다는 것은 알았지만, 그러나 a와 c 중간에 또한 다른 무한기수가 있을까. 즉 a보다 크고 c보다 작은 기수가 과연 있을까.

이 의문에 대해 칸토어는 그런 기수는 아마도 존재하지 않을 것이라고 예상했다. 칸토어의 이 예상은 '연속체 가설'이라고 부르며, 현대에 중요한 현안 가운데 하나다.

한 직선 위의 점 전체가 c라면, 한 평면 위의 점 전체는 훨씬 많아서 기수는 c보다 커질 것으로 생각할 수 있다. 그러나 여기서도 역설적인 결론이 우리를 놀라게 한다. 사실은, 평면 위의 점의 기수도 또한 c인 것이다. 그것을 증명해보자.

정사각형 안의 점은 데카르트(1596~1650) 좌표를 이용하면 두 개의 실수 쌍(x, y)으로 표시된다. x와 y는 소수로 쓰면

$$\begin{cases} x = 0.a_1a_2a_3\cdots\cdots \\ y = 0.b_1b_2b_3\cdots\cdots \end{cases}$$

이 된다. 이 두 개의 소수와 한 개의 소수 사이에 어떤 방법으로 일대일대응을 해보면 된다. 그러기 위해 두 개의 소수의 자릿수를 하나씩 걸러서 조합하여 $z=0.a_1b_1a_2b_2a_3b_3\cdots\cdots$이라는 소수를 만든다. 거기서

$$\left.\begin{array}{l} x = 0.a_1\ a_2\ a_3\cdots\cdots \\ y = 0.\ \ b_1\ b_2\ b_3\cdots\cdots \end{array}\right\} z = 0.a_1b_1a_2b_2\cdots\cdots$$

이 되는 대응을 만든다. 이것은 (x, y)에서 z로의 대응인데, z에서 (x, y)로의 대응도, z의 홀수 자릿수만으로 x를 만들고, 짝수 자릿수로 y를 만들면 된다. 그러므로 위의 대응은 일대일이다. 따라서 정사각형 안의 점도 마찬가지로 c라는 기수를 갖는 것을 알았다.[2)]

앞에서 선분 위의 점과 직선 위의 점이 동일한 기수를 갖는다고 말했는데, 정사각형 위의 점이 평면 전체의 점과 동일한 기수를 갖는 것도 간단히 증명할 수 있으므로, 독자 여러분이 연구해보기를 바란다.

그러므로, 평면 전체의 점집합이 c라는 기수를 갖는다는 것을 알게 된다.

직선과 평면의 일대일대응은 이상의 방식으로 분명히 가능하다는 것은 알 수 있다. 하지만, 그 대응이라는 것이 점의 순서나 원근 등을 모두 무시한 강제적인 것임을 잊어서는 안 된다. 클라인Christian Felix Klein(1849~1925)은 농담으로 이 대응을 형용하여 이렇게 말했다고 한다.

"평면 위의 점을 부대에 넣어서 휘저은 것 같다."

이처럼, 칸토어의 일대일대응은 집합의 차원수도 파괴해버리는 것을 알 수 있다.

그렇다면 무한의 기수는 a와 c뿐이고, c 이상의 것은 존재하지 않는 것일까. 그런데 그것 역시 경솔하다. 왜냐하면 칸토어는 '어떤 기수보다도 큰 기수가 있다'라는 것을 증명했기 때문이다.

지금, 두 명이 있는데 서로 큰 수를 말하는 경쟁을 하고 있다고 하자. 이때, 어느 쪽이 이길까. 그것은 뒷사람이 매우 현명하다면 당연히 '앞사람 필패, 뒷사람 필승'이다. 왜냐하면 앞사람이 백억이든, 천조든, 어떤 큰 수를 말해도 뒷사람은 '그 수보다 1이 큰 수'를 말하면 반드시 이기기 때문이다. 만약 무한기수로 큰 것을 말하기 경쟁을 했을 때는 앞사람이 '……인 집합 M의 기수'라고 하면 뒷사람은 어떻게 답하면 반드시 이길 수 있을까. 이때는 '그 집합에 1을 더한 것'이라고 답해서는 더는 이길 수 없다. 왜냐하면 무한기수에 1을 더해도 그 무한기수는 증가하지 않기 때문이다. 그때는 '그 집합 M의 모든 부분집합의 집합 $\mathfrak{M}$의 기수'라고 답하면 된다.

칸토어는 이 모든 부분집합의 집합이 원래의 M보다 기수가 크다는 것을 증명한 것이다.

'모든 부분집합의 집합'이라는 개념은 상당히 추상적이라 이해하기 힘든 개념이므로 간단한 실례를 들어보기로 한다.

1, 2, 3이라는 숫자로 이루어져 있는 집합 M이 있다고 하자. 이때, M의 기수는 물론 3이다. 이것을 M={1, 2, 3}이라고 쓰기로 하자. 괄호는 하나의 집합으로 묶는다는 것을 의미한다. 이때 M의 부분집합은 몇 종류 만들 수 있는지를 써보면

{1}, {2}, {3}, {2, 3}, {3, 1}, {1, 2}

로 여섯 개 있는데, 정리의 편의를 위해 M 자신 {1, 2, 3}과, 전혀 원소를 포함하고 있지 않은 집합 { }, 이런 집합을 공집합이라고 하는데, 이것도 모임에 넣으면 결국 여덟 개가 된다. 이것을 $\mathfrak{M}$으로 나타내면

$$\mathfrak{M}=\left\{\{\ \}, \{1\}, \{2\}, \{3\}, \{2, 3\}, \{3, 1\}, \{1, 2\}, \{1, 2, 3\}\right\}$$

이며, 기수는 8이다. 이 경우도 3<8로 확실히 $\mathfrak{M}$이 M보다 기수가 크다. 순열론을 배운 사람은 M의 기수가 m이라면, $\mathfrak{M}$의 그것은 2^m 이라는 것을 알고 있을 것이다.

일반 m에 대해 $m<2^m$ 이 성립하는 것은 말할 것도 없다. 칸토어는 같은 일이 무한의 기수에도 성립하는 것을 증명했다. 그 방식은 앞에서 이야기한 대각선법과 아주 비슷하며, 거의 그것의 연장이라고 해도 된다.

먼저 시험적으로 유한집합에 대해서 해보자. 기수 3인 집합 M과 그 부분집합의 대응이 예를 들어 다음과 같은 것이었다고 하자.

$$1 \rightarrow \{2, 3\},\ 2 \rightarrow \{1, 2\},\ 3 \rightarrow \{2\}$$

1	{2, 3}	포함되지 않는다
2	{1, 2}	포함된다
3	{2}	포함되지 않는다

이때, 이 대응을 이용하여 거기에 나타나지 않는 부분집합을 만들어내는 것이다. 먼저 1이 그것에 대응하는 부분집합 {2, 3}에 포함되는지 포함되지 않는지를 보면, 포함되어있지 않다. 2는 {1, 2}에 포함되어있으며, 3은 {2}에 포함되어있지 않다. 이것을 표로 만들면 위와 같이 된다.

1	포함되지 않는다
2	포함된다
3	포함되지 않는다

이 표를 토대로, 다시 심술궂은 부분집합을 만들어본다. 그것은 포함하고 포함되는 관계가 정반대인 것을 만드는 것이다. 이런 부분집합은 {1, 3}이다.

이런 부분집합이 위의 대응표에 나타나지 않는 것은 명백하다. 왜냐하면, 이 새로 만들어진 부분집합은 1과

대응하는 부분집합 {2, 3}과도, 1을 포함하고 포함하지 않는 관계가 정반대이며, 2에 대응하는 부분집합과도 2를 포함하고 포함하지 않는 관계가 정반대이기 때문이다. 3에 대해서도 마찬가지다. 물론 그렇게 되도록 처음부터 만들었으니까 말이다…….

무한집합의 경우에도 완전히 똑같은 방식으로 만들면 된다.

이 증명법을 무한집합에 적용하기는 대단히 쉬우므로 생략하기로 한다. 다만 다른 점은, 대응표가 무한해지는 것뿐이다. 그리고, 이 방법이 대각선법과 같은 종류라는 점은 독자 여러분도 꿰뚫어 보았을 것이다.

이상의 증명을 읽은 사람은 '과연 이것이 수학의 증명일까'라는 의문을 품었을지도 모르겠다. 그리고 또한 지금까지의 증명이, 대수나 기하의 기초 지식을 조금도 필요로 하지 않고, 단지 논리적 사고력만을 요구하고 있으며, 너무나 초보적이라는 데 놀랄지도 모르겠다. 사실, 집합론에는 이처럼 초보적인 증명법이 많이 있다.

M에서 $\mathfrak{M}$을 만드는 칸토어의 착상은, 수를 집합수와 단위의 통일로 생각했던 헤겔의 말을 다시 연상시킨다. 이것은 단지 수에 그치지 않고 일반적으로 수학적 개념

은 다양성과 단일성이라는 이중성을 가지며, 심지어 그 것을 통일하고 있는 것이라고도 말할 수 있다. 예를 들면 앞의 예에서는 {1, 2}는 M 중에서는 1, 2라는 원소로 이루어져 있다는 점에서 다양성을 가지며, $\mathfrak{M}$ 중에서는 하나의 원소로서 단일성을 갖고 있다. 이 간단한 사실 속에 수학 발전의 계기가 숨어있다고 말하지 못할 것도 없다.

자, 이상과 같이 어떤 큰 기수보다 큰 기수가 존재하게 되었으므로 집합론은 연구 과제가 부족할 일은 없는 것이다. $\mathfrak{a}$와 $\mathfrak{c}$밖에 무한기수가 없었다면 집합론이라는 학문이 굳이 새로 태어날 필요도 없었을 것이다.

이리하여 유한기수가 1, 2, 3, ……으로 한없이 크게 존재하듯이, 무한기수의 세계도 $\mathfrak{a}$부터 시작하여 $\mathfrak{c}$…… 등, 한없이 큰 것이 있게 되었다. 마찬가지로, 마치 유한기수 사이에 덧셈이나 곱셈이 있듯이 $\mathfrak{a}$나 $\mathfrak{c}$ 사이에도 +나 연산을 생각할 수 있을 것이다. 먼저 덧셈에 관해서 이야기하자.

2+3의 의미를 집합론적으로 다시 생각해보면 다음과 같이 될 것이다. 기수가 2인 집합 A와, 기수가 3인 집합 B를 두 개 합쳐서 하나의 집합을 만들고, 이것을 A+B라고 써서 나타낸다. 물론 A와 B는 공통의 원소를 갖고 있

지 않은 것으로 한다. 이때 집합 A+B의 기수가 2+3이라는 의미다.

이 생각을 그대로 무한기수로 옮기면, 공통부분이 없는 두 개의 무한집합 M과 N의 기수가 각각 m, n일 때, 그것을 합친 집합 M+N의 기수를 m+n이라고 정하면 된다. 이 정의에 따르면, 예를 들어 $\alpha+\alpha$는 어떻게 될까. 지금, 홀수 전체의 집합을 M, 짝수 전체의 집합을 N이라고 하면

$$M=\{1, 3, 5, 7, \cdots\cdots\}$$

$$N=\{2, 4, 6, 8, \cdots\cdots\}$$

합집합은 M+N={1, 2, 3, 4, 5, ……}가 된다. M, N의 기수는 α이며, M+N도 α이므로, 결국 $\alpha+\alpha=\alpha$라는 것이 된다. 이 식도 집합론의 역설 중 하나이며, 유한의 기수에서는 0 이외의 수에는 절대 성립하지 않는다.

또한 곱셈을 정의하면 $\alpha \cdot \alpha=\alpha$가 성립하는 것은, 분수의 경우와 마찬가지로 정사각형으로 배열하고 지그재그로 방문해가면 확인할 수 있을 것이다.

• • • • ·········

• • • • ·········

• • • • ·········

• • • • ·········

·················

아래와 같이 연산의 결과를 늘어놓아 보면, 무한의 산술은 유한의 산술보다 오히려 단순하다는 것을 알 수 있을 것이다.

일반적으로 두 개의 무한기수 m, n이 있는데, m이 n보다 크거나 같다면, 그것의 합과 곱은 m과 같아져 버린다. 이렇게 되면 사태는 아주 간단하며, 새삼스럽게 무한의 '구구단'을 공부할 필요도 없을 것이다.

$$\alpha+\alpha=\alpha$$

$$\alpha \cdot \alpha=\alpha$$

············

$m \geqq n$라면,

$$m+n=m$$

$$m \cdot n=m$$

덧셈할 때 생각한 합이라는 연산과 나란히 중요한 것은 공통부분을 만드는 연산이다. 두 개의 집합 A, B의 양쪽에 포함된 원소 전체를 공통부분이라고 하며, A • B로 나타내기로 하면, 수의 곱셈과 아주 비슷한 연산이 생겨난다. 그러나 기수의 곱셈과는 다른 것이다.

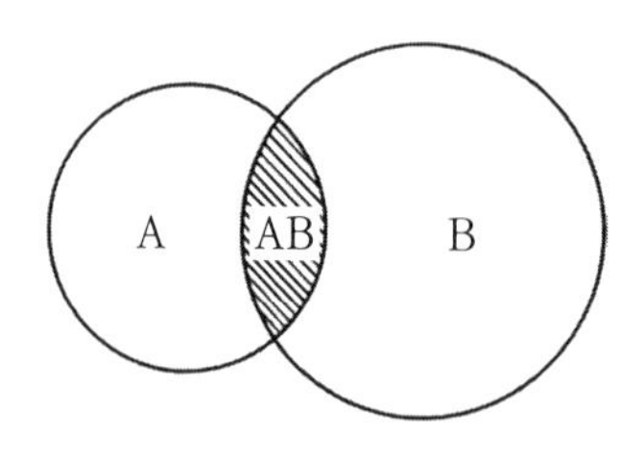

하나의 집합 M 속의 부분집합 사이에는 합과 공통부분을 취한다는 두 개의 연산이 있는데, 전자는 수의 덧셈과, 후자는 곱셈과 비슷하다는 것을 잘 알려져 있다. 이와 같은 연산 두 개를 가진 것을, 최초로 이론을 만들어낸 불George Boole(1815~1864)의 이름을 따서 불 대수라고 부르고 있다.

이 독특한 대수가 아카데미의 탄탄대로를 걸어간 학자에 의해 만들어졌다면 오히려 이상할 것이다. 불은 그와 동시대 사람이자 전기학의 건설자였던 패러데이

(1791~1867)와 마찬가지로, 정규 학교 교육을 받지 못한 학자 가운데 하나였다.

이미 라이프니츠(1646~1716)는 인간의 논리적 사고 작용을 수학적 계산으로 행하는 것을 생각하고 있었다. 이런 라이프니츠의 꿈이 불에 의해 실현의 실마리를 찾아냈다고 말해도 될 것이다. 독학의 학자 불이 생각해낸 이 파격적인 대수는 최근 속론束論의 발전과 더불어 마침내 그 중요성을 인정받아왔다. 군론群論에서는 하나의 문자가 '움직임'을 나타냈지만, 이 대수에서 a, b…… 라는 기호는 어떤 수가 아니라 어떤 개념 또는 명제를 나타낸다.

여기까지 말한 것을 통해 칸토어 집합론의 적어도 기본적인 방향만은 분명해졌을 것이다.

모든 구체적인 집합이 갖고 있을 터인 원소 간 상호관계, 이른바 원소의 사회성을 모조리 파괴하고, 집합을 원소 간에 어떤 연락도 교섭도 없는 군집으로 바꿔버렸다. 이 철저한 파괴 뒤에 남아있던 것이 기수였다. 집합이라는 하나의 사회에 가장 철저한 혁명, 개인주의적인 혁명이 일어나서 모든 사회성을 때려 부수었지만, 이 혁명은 개인(즉 원소)의 생명만은 보장하는 '무혈혁명'이었으므로 인구(기수)만은 원래대로였다.

집합론에서 집합이 대단히 추상적인 개념임은 말할 필요도 없다. 그러나 집합론으로 추상의 절정까지 올라간 현대수학은, 적어도 구체적인 자연이나 사회의 연구로 향하기 위해서는 집합론 입장에만 머무는 것은 결코 용납될 수 없다. 그러기 위해서는 다시 반전하여 구체화의 방향을 잡아야만 한다.

집합론에 의해 단절된 각 원소 간의 상호관계, 즉 사회성을 회복하고 집합을 단순한 군집에서 사회로 재조직하는 것, 이것이 현대수학의 다음 과제였다.

이 일을 계승한 것이 추상대수학과 토폴로지(topology, 위상기하학)였다.

추상대수학이 도입한 상호관계는 결합이라고 칭해지는 것이며, 토폴로지의 그것은 어떤 의미에서 원근 관계이기도 하다.

이들 부문에 대해서는 2장에서 이야기하기로 하자.

2장
‘대상’과 ‘작용’

"인간은 죽음이나 비참함 등을 생각하지 않기 위해 오락을 만들어냈다."

이런 의미의 말을 파스칼(1623~1662)은 쓰고 있다.

이 말도 바둑이나 장기, 트럼프 같은 오락이 사람을 끌어당기는 매력의 정도를 생각하면, 분명히 짐작 가는 것이 있을 것이다. 그런데, 엄격한 신앙인이었던 파스칼은 수학에 대해서는 어떤 견해를 갖고 있었을까. 『팡세』에는 그가 허영심에 이끌려 수학 연구에 몰두했다는 듯이 고백하는 구절이 나온다. 수학자의 죄 없는 허영심도 파스칼의 예민한 시선에서 벗어날 수는 없었던 것이리라.

소년 시절부터 비범한 수학 천재로 칭송받았던 파스칼은, 서른한 살에 종교적 회심을 경험하고 속세와의 연을 완전히 끊어버렸다. 또한, 인류의 수학 역사에서 헤아릴 수 없을 만큼 불행하게도, 그는 수학과도 거의 완전히 연을 끊어버렸다. 파스칼에게는 수학조차도 엄숙한 죽음이나 삶의 비참함에서 눈을 돌리기 위한 일종의 오락에 지나지 않았을지도 모른다.

하지만 서른여섯 살에 그는 한 번 더 수학이라는 오락으로 돌아와야 했다. 어느 날 밤, 지독한 치통에 시달린 파스칼은 통증을 잊기 위해 문제 하나를 풀었다. 이 문제는『드통빌의 편지』라는 형태로 공표되어 수학 역사상 불후의 문서가 되었다. 죽음이나 비참함-치통도 포함해서-을 잊기 위해 쓰인 이 논문은 훗날 라이프니츠를 자극하여 미분적분학의 발견으로 향하게 하는 중요한 사명을 띠고 있었다.

파스칼이 어떻게 생각했는지는 제쳐두고, 수학 안에 바둑이나 장기와 같은 사고 유희와 비슷한 일면이 있다는 것은 부정할 수 없을 것이다. 물론, 수학을 단지 오락의 일종으로 보는 것은 모든 수학자가 예외 없이 반대할 것임은 틀림없겠지만…….

예를 들어 장기를 예로 들어보자. 장기라는 오락이 성립하기 위해서는 말 40개와 판 1개가 있어야 한다. 장기의 규칙이 아직 정해져 있지 않았을 때는 이런 것들은 단지 기수가 41인 나뭇조각의 집합에 지나지 않는다. 그 각각의 원소, 말하자면 나뭇조각 사이에는 어떤 상호관계도 없다. 굳이 찾자면 '오쇼王將(우리 장기의 궁宮에 해당—옮긴이)'는 '가쿠角'도 '후步(우리 장기의 졸卒에 해당—옮긴이)'도 아니라는 최소한의 관계뿐일 것이다. 여기서는 아직 집합론의 의미에서 집합만이 문제다.

하지만, 일단 말과 판의 상호관계의 규정인 장기의 규

칙이 정해지면 상황은 달라진다. 각각의 원소는 간단히 집합론적인 원소가 아니게 되며, 하나의 작용, 또는 상호 관계를 떠맡은 것이 된다. 즉 나뭇조각으로 이루어진 '군집'은 말과 판이 만드는 '사회'로까지 진화한다. 그런 '사회'의 헌법에 해당하는 것이 규칙이다. 예를 들면 우리가 '계마(우리 장기의 마馬에 해당—옮긴이)'라고 할 때, 딱히 그 말의 형상이나 재료를 문제 삼고 있는 것이 아니라, 이러이러하게 움직이는 어떤 것을 의미하고 있는 것뿐이다. 그것이 회양목으로 만든 것이건, 상아로 만든 것이건, 아니면 장기를 몰라서 머릿속에서만 떠올린 하나의 표상이건, 그런 것은 중요하지 않다. 거기서 문제가 되는 것은 '계마는 *무엇인가*'가 아니라 '계마는 *어떻게* 움직이는가'이다. *무엇*what이 아니라 *어떻게*how가 중요하다.

"수학은, 우리 자신이 말하고 있는 것이 무엇what인지도, 또한 그 말이 사실인지 아닌지도 모르는 학문이라고 정의할 수 있다."

이것은 버트런드 러셀(1872~1970)의 유명한 말인데, 약간 역설적으로 들리는 이 문구 역시, 무엇what이 아니라 어떻게how가 문제라고 주를 달았다면 상당히 명확해졌을 것이 틀림없다.

러셀의 이 유명한 말이 수학, 특히 현대수학의 주요한 특징을 명료하게 부각시키고 있다는 것은 분명하다. 그러나 이 역설적인 표현이 주는 이런저런 종류의 두려움에 관한 오해에 대해 약간의 보충설명이 필요할 것이다.

'무엇인가?'를 주요한 문제로 삼는 수학 이외의 과학에 대해, '어떻게?'의 측면에 주의를 집중하는 것이 수학의 임무라는 점은 사실이지만, 이것은 결코 '무엇인가?'라는 물음을 경시하거나 심지어 무시하는 것을 의미하지는 않는다. 만약 수학자가, 다른 과학과의 연관을 망각하고, 자신의 세계에 갇히게 된다면, 그를 기다리고 있는 것은 현실과 어떤 연관도 없는 신기루에 지나지 않을 것이다. 여기에 수학 특유의 위험이 도사리고 있다고 말하지 않을 수 없다.

칸토어의 집합론이 파괴해버린 폐허 위에 '결합'이라는 하나의 새로운 상호관계를 세운 것이 새로운 대수학이다.

결합이란 무엇일까. 먼저 크로네커를 따라 우리에게 가장 친숙한 자연수 전체의 집합부터 시작해보자.

$$M=\{1, 2, 3, \cdots\cdots, 10, \cdots\cdots, 100, \cdots\cdots\}$$

이 집합 M이 집합론적인 견해에서는 기수가 α인 무한집합을 만들고 있다는 것은 이미 살펴본 대로다. 그러나 M은 그런 특징밖에 갖지 못한 집합에 지나지 않을까. 맨 먼저, 자연수끼리 더한다는 계산법을 M은 분명히 갖고 있다. 2+3=5라고 할 때, 이것이 무엇을 의미하는지는 초등학생도 알고 있는 대로다. 하지만, 여기서는 '결합'의 의미를 설명하기 위해 약간 다른 각도에서 바라보자. 2+3=5의 식에서 2와 3이 결합하여 제3의 5를 만들어냈다고 생각하기로 하자. 이때, 2와 3에서 왜 5가 만들어지는가, 하는 이유는 잠시 묻지 않기로 하고, 단지 어떤 일정한 법칙으로 제3의 5가 만들어졌을 뿐이라고 생각하는 것이다. 또는, 집합 M의 두 개 원소 2와 3의 한 쌍에 대해 제3의 원소 5를 대응시키는 일정한 규칙이, M 속에 정해져 있다고 생각하자. 당분간,

$$1+1=2,\ 1+2=3,\ \cdots\cdots,\ 5+4=9\ \cdots\cdots$$

라는 무수한 식이 왜 나타났는가, 또는 옳은가 그른가는 묻지 않기로 하고, 단지 주어진 서류를 충실히 복사하는 타이피스트 같은 태도로 이 식을 바라보기로 하자. 우리

의 관심사는 두 개의 원소에서 어떤 법칙으로 제3의 원소가 정해졌는가, 하는 점이므로 오히려 +기호를 제거하여

$$(1, 1) \rightarrow 2, (1, 2) \rightarrow 3, \cdots\cdots, (5, 4) \rightarrow 9, \cdots\cdots$$

라고 쓰는 것이 좋을지 모르겠다.

이들 무수한 식에 의해 M 안에서 하나의 결합이 규정되어있게 된다.

대수학에서 '결합'은 개체 두 개의 결합으로 제3의 개체를 낳는다는 점에서는 고등동물의 번식 작용과 닮았다고도 말할 수 있다. 이런 식의 결합을 가진 집합의 구조를 연구하는 것이 추상대수학이라 불리는 새로운 대수학의 주요한 임무다.

하지만, 이미 '기하대수'와 합쳐서 불리는 '대수'를 졸업한 사람들에게 쓸데없는 불안감을 안겨주지 않기 위해 한마디 해둘 필요가 있겠다. 여기서 말한 추상대수학은 '기하대수'의 '대수'와는 아무런 관계도 없는 별개의 것일까. 그것은 물론 옳지 않다. 단지 거기에는 관점의 차이, 악센트의 이동, 그리고 시야의 넓고 좁음의 차이가 있다. 즉, a, b, c, ……라는 문자는 기존의 대수에서는 기껏해

야 보통의 수를 대표하고 있는 것에 지나지 않았지만, 새로운 대수학에서는 문자가 수뿐만 아니라 '작용' '개념' '명제' …… 등도 대표할 수 있는 것이다. 또한, +, × 등의 결합도 상황에 따라 자유롭게 규정할 수 있다.

기존의 대수에서는 $a+b$, $a\times b$는 태고 이래 덧셈과 곱셈의 모사에 지나지 않지만, 추상대수학에서는 일단 집합론에 의해 상호관계가 파괴된 후로, 마찬가지로 가능한 많은 다른 결합법의 일종으로 여겨지고 있다.

이 새로운 대수학의 특징적인 개념을 설명하기 위해 하나의 가까운 실례에서 시작하자.

많이 보는 예인데, 어떤 물건 세 개 사이에 '삼자견제'라는 관계가 성립하는 경우가 있다. 그리고 이 '삼자견제' 관계를 구체적으로 말로 나타내기 위해 '뱀, 개구리, 괄태충(민달팽이)'이라는 실례가 이용된다. 이 집합의 기수는 3인데, 그 사이에 있는 '강약' 관계를 알아보기 쉽게 하려고 >라는 기호를 사용하여 그림으로 표시하면 그림(a)와 같이 된다.

이 실례 이외에 비교를 위해 또 하나의 '삼자견제' 예를 들어두자[그림 (b)]. 그것은 누구나 생각할 수 있는 '가위바위보'인 '종이, 돌, 가위'다.

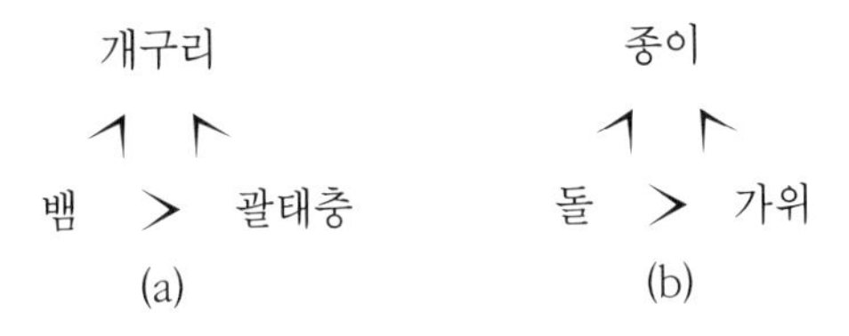

이 두 개의 실례를 비교해보자. 먼저 첫째로 우리가 상호관계를 무시하고 개개의 대상을 '무엇인가'라는 눈으로 바라볼 때, 뱀과 종이, 개구리와 돌, 괄태충과 가위를 늘어놓아도 아무런 관계도 없는 두 개의 물체가 놓여있을 뿐이다.

하지만, '어떻게 상호관계하고 있는가'라는 눈으로 바라보면, 상황은 전혀 달라진다. >로 나타내고 있는 상호관계의 타입은 (a)와 (b)가 완전히 같다고 말할 수 있다. 우리는 이 두 번째 관점으로 모든 것을 보기로 하자.

이 관점에 따르면 뱀, 개구리, 종이, 돌, …… 등 원소의 '개성'은 문제가 아니며, 단지 그것들의 원소 사이에 있는 >라는 상호관계, 이른바 원소끼리의 '사회적 관계'가 중요하다. 따라서 '삼자견제'라는 관계의 타입에 중점을 둘 때, 각 원소가 가진 개성은 그저 쓸모없기만 한 것이 아니라, 심지어 방해된다. 각 원소는 >라는 상호관계라는 그물의 눈으로서 역할만 연기하고 있다. 실제로 '삼자견

제'라는 관계의 타입을 가장 뚜렷하게 보여주는 것은 위의 그림처럼 쓰고 싶을 정도다. 그러나 이처럼 >만으로는 관계의 형태 자체를 나타내는 것조차 불가능하므로, 어쩔 수 없이 이른바 '자리를 메우기 위해' 관계를 유지하는 뭔가를 두어야 한다. 그러기 위해 수학자는 일부러 문자라는 개성이 없는 것을 써둔다.

이 a, b, c 라면, 서로 다른 것이 아니라는 최소한의 개성 말고는 어떤 개성도 없다. 여기서 모든 것을 일단 기호로 나타내려 하는 대수학의 기호주의가 태어난다.

대수학자뿐만 아니라 닥치는 대로 부호를 붙여가는 것이 수학자의 상투적인 수단인데, 이 살풍경한 방식이 수학의 인기를 떨어뜨리는 데 큰 역할을 하고 있음을 인정하지 않을 수 없다. 만약 소설가가 그가 창조한 모든 등장 인물에게 a, b, c, ……라든지 x, y, z 같은 이름을 지어준다면, 대개의 독자는 그 소설을 던져버릴 것이다. 인간을 본명으로 부르지 않고 부호로 부르는 것은 인격을 무시하는 방식이며, 모든 죄수를 번호로 부르는 감옥을 연상시킬 것이다. 하지만, 대수학의 기호주의를 감옥의 기호주의에 비교하는 것은 약간 번지수가 틀린 것이다.

대수학의 기호주의는 오히려 모든 손님을 기꺼이, 자유롭게 맞아들이기 위해 각각의 방을 번호나 부호로 부르는 호텔의 기호주의와 비슷하다고 말할 수 있다. 왜냐하면 대수학의 문자나 기호는 어떤 하나의 '대상'이라기보다, 모든 대상이 자유롭게 드나들 수 있는 하나의 방과 비슷하기 때문이다…….

자, 두 개의 실례 (a), (b)는 같은 강약의 관계를 가졌다고 결론을 내렸는데, 이 두 개가 동일한 형태를 가진 것을 확인하려면 구체적으로는 어떻게 하면 좋을까. 물론 거칠게 말하면, 같은 형태라는 것은 (a), (b)라는 두 개의 그림을 정확히 겹칠 수 있다는 점이다. 즉, 뱀을 종이에, 개구리를 돌에, 괄태충을 가위에 겹친 다음, 그 사이에 있는 >의 배치를 보아 역시 같으면 된다. 첫 번째 대응은 물론 칸토어의 일대일대응인데, 이 일대일대응은 사이에 있는 >까지 그대로 옮겨가 있다.

하지만, 예를 들어 똑같은 일대일대응이라도 아래 오른쪽과 같은 것은 >의 배치를 파괴하는 것을 알 수 있다. 왜냐하면 이 대응에서는 개구리와 괄태충의 강약 관계가, 가위와 돌에서는 반대가 되어있기 때문이다.

뱀→종이	뱀→종이
개구리→돌	개구리→가위
괄태충→가위	괄태충→돌

여기서 우리는 다음과 같이 일반화하면 무방할 것이다.

일반적으로 각 원소 사이에 어떤 상호관계가 있는 두 개의 집합 사이에, 그 상호관계가 바뀌지 않는 일대일대응이 이루어질 때, 두 개의 집합은 동형同型이라고 하며, 그런 일대일대응을 동형 대응 또는 동형사상이라고 한다. 첫 번째 대응은 '삼자견제' 관계를 바꾸지 않으므로 {뱀, 개구리, 괄태충} 집합에서 {종이, 돌, 가위} 집합으로의 동형사상이며, 두 번째는 일대일대응이기는 하지만 동형사상이 아니다.

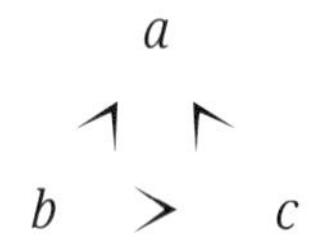

만약 세 가지 대상 사이에 앞 페이지 맨 아래 그림과 같은 강약 관계가 있을 때는 '삼자견제' 집합과는 도저히 동형 대응할 수 없는 것이다.

동형인 두 개의 집합은 인구가 같고 심지어 정치 체제도 같은 두 개의 국가에 비교할 수 있을 것이다. 또한 기수가 같고 동형이 아닌 집합은 인구는 같지만 정치 체제가 다른 두 개의 국가와 비슷하다. 그리고 대수학은 이 집합의 '정치 체제'에 주요한 주의를 기울이는 것이다.

대수학의 이런 성격을 가장 잘 나타내고 있는 것이 군群 이론이다. 대수학의 연구 대상은 군 이외에도 환環, 체體, 속束 등 중요한 부문이 있지만, 가장 전형적인 것으로서 군론을 선택하기로 한다.

역사적으로 말하면 군은 처음에 '작용' '변화' '운동' 등의 개념으로 수학에서 모습을 드러냈다.

발견자로는 물론 코시Augustin Louis Cauchy(1789~1857)를 꼽아야겠지만, 그것의 중요성을 최초로 인정하고, 모든 수학에 혁명을 가져온 이는 스무 살에 요절한 에바리스트 갈루아였다.

먼저 가장 쉬운 예로 시작하자. 세 개의 숫자 1, 2, 3으로 이루어진 집합이 있고, 1, 2, 3의 순서로 배열되어있다고 하자. 이 숫자의 순서를 바꾸면, 다른 배열은 전부 $3!=1 \cdot 2 \cdot 3=6$이라는 것은 순열을 배운 사람은 잘 알고 있을 것이다. 그러므로 1, 2, 3이라는 숫자를 바꾸는 방법은 전부 여섯 가지가 있게 된다. 여기서 바꿔 넣는 방법을 나타내는 데 다음과 같은 방법을 사용한다. 예를 들면 1을 3으로, 2를 1로, 3을 2로 치환하는 것을

$$\begin{pmatrix} 1 & 2 & 3 \\ 3 & 1 & 2 \end{pmatrix}$$

로 나타낸다. 이것은 '위의 숫자를 아래 숫자로 치환하라'는 의미다. 이런 치환 방법의 종류는 전부 여섯 종류가 있는데, 거기에 a_1, a_2, a_3, a_4, a_5, a_6라는 이름을 붙이기로 하자.

여기서 a_1, a_2, ……, a_6라는 문자로 나타낸 것은 어떤 '작용' '변화' …… 등의 개념이며, 수도 아니고 도형도 아니다. 군론이 나타날 때까지 수학자가 생각하는 대상은 수나 도형에 한정되어있었다. 따라서 그 이외의 것을 문자로 나타낸다는 일은 있을 수 없었다.

갈루아 이전의 수학자는 수도 아니고 도형도 아닌 '작용' 따위가 수학의 연구 과제가 될 수 있을 줄은 꿈에도

몰랐을 것이다. 그러나 군은 이런 제한을 파괴해버린 것이다.

$a_1 = \begin{pmatrix} 1 2 3 \\ 1 2 3 \end{pmatrix}$

$a_2 = \begin{pmatrix} 1 2 3 \\ 2 3 1 \end{pmatrix}$

$a_3 = \begin{pmatrix} 1 2 3 \\ 3 1 2 \end{pmatrix}$

$a_4 = \begin{pmatrix} 1 2 3 \\ 1 3 2 \end{pmatrix}$

$a_5 = \begin{pmatrix} 1 2 3 \\ 3 2 1 \end{pmatrix}$

$a_6 = \begin{pmatrix} 1 2 3 \\ 2 1 3 \end{pmatrix}$

현대수학에서 특히 두드러진 대립을 이루고 있는 것은 '대상'의 개념과 '작용'의 개념이다. 물론, 하나의 문장은 이미 '어떤 대상이 어떤 작용을 한다'라는 형태를 띠고 있는 것처럼, 수학에도 이 두 개가 대립하고 있는 것은 당연할 것이다. 갈루아의 빛나는 공적은 이 '작용'을 참으로 명료한 형태로 수학으로 가지고 와서, 그것을 수학 전체의 지도 원리로 삼은 점이라고 말하지 않을 수 없다.

자, 이 여섯 개의 치환이라는 '작용' 전부를 모아서 하나의 집합 G={ a_1, a_2, a_3, a_4, a_5, a_6 }를 만든다. G의 각 원소는 아무튼 '잘 구별된 사유의 대상'임은 틀림없으므로, 분명히 집합의 정의에 해당하지만, 그런데도 연필이나 인간 같은 '대상'의 집합이 아니라, '작용'의 집합이다.

이 여섯 개의 '작용' 사이에 약간 특별한 곱셈을 생각한다. 예를 들면 처음에 a_3을 움직이고, 그다음으로 a_4를 움직이면 그 결과는 어떻게 될까.

	a_3		a_4	
1	→	3	→	2
2	→	1	→	1
3	→	2	→	3

이 결과는 $\begin{pmatrix} 1 & 2 & 3 \\ 2 & 1 & 3 \end{pmatrix}$ 즉 a_6가 된다.

즉, a_3에 이어서 a_4를 움직인 결과는 a_6을 한 번 움직인 것과 같은 결과가 된다. 이것을 곱셈의 형태로 쓰기로 약속한다.

$$a_3 a_4 = a_6$$

이런 곱셈은 도합 6×6=36으로 36종이 있는데, 편의상 아래 그림과 같은 표로 쓰기로 한다.

	a_1	a_2	a_3	a_4	a_5	a_6
a_1	a_1	a_2	a_3	a_4	a_5	a_6
a_2	a_2	a_3	a_1	a_5	a_6	a_4
a_3	a_3	a_1	a_2	a_6	a_4	a_5
a_4	a_4	a_6	a_5	a_1	a_3	a_2
a_5	a_5	a_4	a_6	a_2	a_1	a_3
a_6	a_6	a_5	a_4	a_3	a_2	a_1

$a_1 a_1 = a_1$

$a_2 a_3 = a_3 a_2 = a_1$

$a_3 a_2 = a_2 a_3 = a_1$

$a_4 a_4 = a_1$

$a_5 a_5 = a_1$

$a_6 a_6 = a_1$

이 표는 이른바 G의 곱셈 '구구단 표' 같은 것이다. 그러나 구구단 표라고 해도 보통의 것과는 상당히 다른 점이 있다. 그중에서도 곱셈의 순서를 바꾸면 답이 달라지는 점이다. 예를 들면 $a_4 a_5 = a_3$, $a_5 a_4 = a_2$로 분명히 다르다.

이 표를 보면 다음과 같은 것을 알 수 있다.

(1) G의 임의의 두 개를 곱한 결과는 G의 안에 들어오며, G의 바깥으로 나가는 일은 없다.

(2) 다른 것과 곱하여 원래의 것이 바뀌지 않는 원소가 있다. a_1이 그것이다. a_1은 최초에 정해진 때부터 $\begin{pmatrix} 1 & 2 & 3 \\ 1 & 2 & 3 \end{pmatrix}$으로 어떤 숫자도 움직이지 않는 전혀 '아무것도 하지 않는 작용'이므로 당연하다. 이런 원소를 항등원이라고 하며, 보통 e라는 기호로 나타낸다. 군에서는 이 항등원, 즉 아무것도 하지 않는 작용이 가장 중요한 원소가 된다. 이것은 노자 같은 철학자를 기쁘게 할지도 모르겠다.

(3) 어떤 원소에도 곱하면 a_1이 되는 것이 반드시 있다. 예를 들면 앞 페이지 표의 오른쪽에 나타낸 것과 같다. 이런 작용을 역원이라고 하며 a_1^{-1}, a_2^{-1} , ……으로 나타낸다. 위의 것은

$$a_1^{-1}=a_1, \quad a_2^{-1}=a_3, \quad a_3^{-1}=a_2$$
$$a_4^{-1}=a_4, \quad a_5^{-1}=a_5, \quad a_6^{-1}=a_6$$

으로 쓸 수 있다. 이것은 원래의 작용과는 반대인 작용이다.

(4) 세 개의 곱에서 괄호를 치는 방법을 바꿔도 된다.

예를 들면

$$(ab)c = a(bc)$$

$$(a_2a_4)a_6 = a_5a_6 = a_3$$

$$a_2(a_4a_6) = a_2a_2 = a_3$$

으로 같다. 이것은 어떤 세 개의 a, b, c에도 성립하는 규칙이며, 결합법칙이라고 불린다.

G에 이상의 (1), (2), (3), (4)의 조건이 성립하는 것을 실험적으로 확인했는데, 이들 조건을 만족하는 결합이 규정된 집합을 군group이라고 한다.

이 예에서도 그렇지만, 군은 최초에 작용, 변화, 운동 등의 모임으로서 나타났다. 그러나 우리는 좀 더 넓은 의미로 이해하자. 그것은 어떤 결합이 정의된 기호의 모임으로서다. 군 G의 정의는 다음과 같다.

(1) G는 원元이라고 부르는 원소의 집합이며, 그중에는 결합 $\varphi(a, b)$가 정의되어있다.

(2) $\varphi(e, a)=\varphi(a, e)=a$를 만족하는 항등원 e가 있다.

(3) 임의의 원 a에 대해 $\varphi(b, a)=\varphi(a, b)=e$를 만족하는 역원 b가 있다.

(4) 결합법칙이 성립한다.

$$\varphi(\varphi(a, b), c)=\varphi(a, \varphi(b, c))$$

이 일반적 정의에서 결합 φ는 앞의 예처럼 '두 번 작용한 것'이라는 의미를 반드시 갖고 있다고는 할 수 없지만, 구체적으로 나타나는 군은 대개 작용의 모임'을 의미하는 것으로 생각해도 된다.

군의 정의에서 주의해야 할 것은, 항등원 e를 정하는 방식이다. 수의 곱셈에서 e에 해당하는 것은 물론 1이다. 수 1은 한 마리, 한 자루, 한 명, 한 개, ……등 무수한 것에서 추상하여 얻어진 것이며, 확실하게 독립한 개성을 가지고, 2, 3, 4, ……가 없어도 1은 생각할 수 있다. 그러나 군의 항등원 e는 군의 다른 원소에서 동떨어지면 단순히 e라는 문자로서의 의미밖에 갖지 않는다. 왜냐하면 e는 다른 것과 곱하여 그것을 바꾸지 않는 것이라고 규정되어있으므로, 다른 원소의 존재를 전제로 하고, 다른 것과 결합하여 비로소 e의 특징이 나타나게 되기 때문이다. 약간 역설적인 말이지만, e의 개성은 그 사회성 안에 숨어있는 것이다.

이것은 e뿐만 아니라 다른 원소도 마찬가지이며, 각 원소는 군이라는 사회에서 동떨어지면 단순한 기호가 되어버리며, 군이라는 사회 속에서 비로소 그 개성을 발휘할 수 있는 것이다.

군은 그야말로 유기적으로 조직된 사회 같은 것이며, 그 속에서 마음대로 원소를 제거하면 남은 집합은 더는 군이 아니게 된다. 예를 들어 군 G 속에서 항등원을 제거하면 군으로서 자격을 잃고, 그저 기수가 5인 집합이 되어버린다. 예를 들면 어떤 멋진 시에서 하나의 단어를 빼버리면 남은 것은 더는 시가 아니라 단지 문자의 집합에 지나지 않을 것이다.

군은 바로 그런 유기적인 전체다.

이 예에서는 G의 기수가 유한하지만, 일반적으로 기수는 무한해도 된다. 거기서 유한군과 무한군의 구별이 생긴다.

예를 들어 양과 음 및 0의 정수 전체의 집합 M={……, −3, −2, −1, 0, 1, 2, 3, ……}에서 보통의 덧셈을 '결합'이라고 생각하면, 이것은 또한 군이 되지만, 이 자릿수는 무한하므로, 이 군은 무한군이다.

다음으로, 평면 위의 한 점 O를 중심으로 $\theta°$만큼 반시

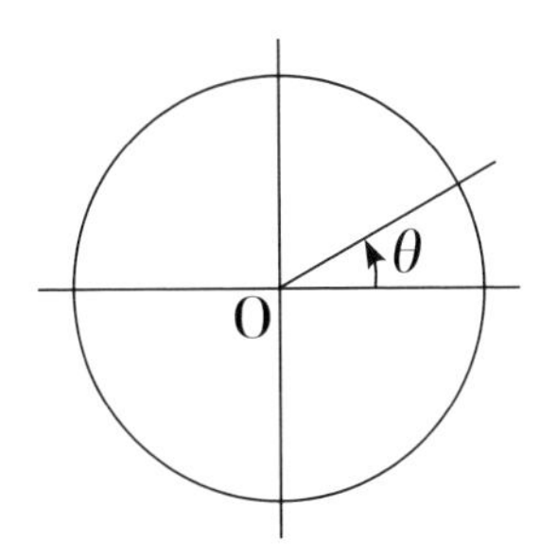

계 방향으로 평면을 회전시키는 작용을 R_θ 로 나타내보자. 이때 이런 모든 회전의 모임을 G라고 하면 G는 군을 만든다. 이 군은 모든 각도에 대해 그만큼 회전하는 방법이 있으므로 무한군이며, 심지어 그 기수는 $\mathfrak{c}$이다.

R_α와 R_β를 곱하면 α만큼 회전하고 이어서 β만큼 회전하므로, 결과는 $\alpha+\beta$의 회전이 되어

$$R_\alpha R_\beta = R_{\alpha+\beta}$$

가 된다. 이 군의 항등원은 회전하지 않는 것이다, 즉 0만큼 회전하는 작용이므로 $e = R_0$이다. 또한 α만큼 회전하는 것의 역의 작용은 $-\alpha$만큼 회전하는 것이므로 $R_\alpha^{-1} = R_{-\alpha}$.

즉 R_α의 전체는 군을 만드는 것을 알 수 있다.

여기서 두 개의 대립적인 개념으로 '작용'과 '대상'이 나타났다. 그러나, 이 대립은 결코 절대적이라고 생각하면 안 된다. 예를 들면 '대상'이라 해도 경우에 따라서는 '작용'으로 생각할 수 있는 것이 얼마든지 있다. 3이라는 수는 분명히 '대상'이라고 생각하겠지만, 임의의 수를 3만큼 증감하는 '작용'으로 생각할 수도 있다.

다음으로 '작용'이 '대상'으로 생각되고 있는 한 예를 들어둔다. 위와 같은 '구구단 표'를 가진 자릿수가 3인 군이 있다.

	a_1	a_2	a_3
a_1	a_1	a_2	a_3
a_2	a_2	a_3	a_1
a_3	a_3	a_1	a_2

	a_1	a_3	a_2
a_1	a_1	a_3	a_2
a_3	a_3	a_2	a_1
a_2	a_2	a_1	a_3

이때, 세 개의 원소 사이에 치환하는 방법은 3!=1 • 2 • 3=6으로 여섯 가지 있는데, 그중에서 치환한 후에도 '구구단 표'가 그대로인, 즉, 자기 자신과 동형인 경우가 있다. 그것은

$$b=\begin{pmatrix} a_1 & a_2 & a_3 \\ a_1 & a_3 & a_2 \end{pmatrix}$$

라는 치환이다(88쪽 오른쪽 표).

이런 치환의 전체, 이것을 군의 자기동형군이라고 하는데, 이 치환은 전혀 치환하지 않는

$$\begin{aligned} a_1 &\rightarrow a_1 \\ a_2 &\rightarrow a_2 \\ a_3 &\rightarrow a_3 \end{aligned} \qquad C=\begin{pmatrix} a_1 & a_2 & a_3 \\ a_1 & a_2 & a_3 \end{pmatrix}$$

와 함께 자릿수가 2인 군 H를 만든다.

H 입장에서 보면, G의 원소는 치환이라는 '작용'을 받는 '대상'에 지나지 않는다. 그러므로 '작용'과 '대상'의 대립을 절대화해서는 안 된다. 그것은 서로 역할을 교환할 수 있는 것이다.

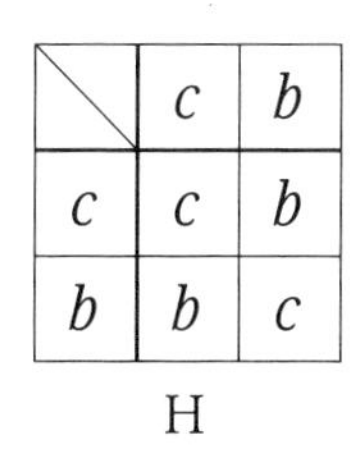

	c	b
c	c	b
b	b	c

H

보통, 군은 '작용'으로서 나타나는데, 일반적으로 '작용'은 '대상'에 비해 파악하기 힘든 개념이다.

책상, 사과, 태양, 점, 직선 등과 같은 '대상'에 비해 회전, 치환, 연소 같은 '작용'을 파악하려면 좀 더 고도의 추상력이 요구되는 것은 말할 것도 없다. 아마도 언어도 미개인의 언어일수록 추상명사가 차지하는 비율은 낮아질 것임이 틀림없다.

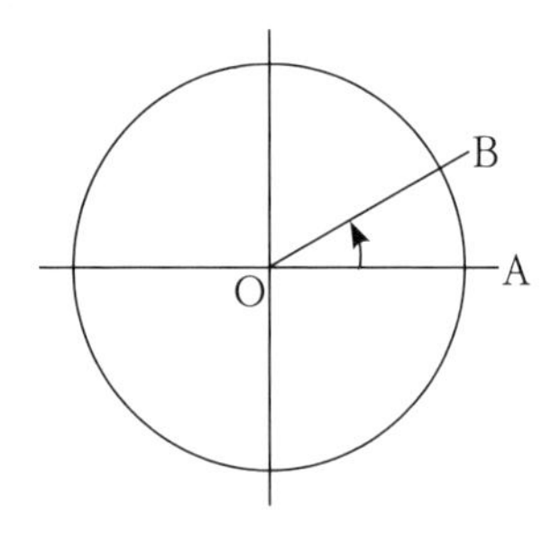

이 추상적인 '작용'에 뭔가 적당한 '대상'의 표시를 붙여서 좀 더 구체적인 것으로 파악하려는 시도를 하는 것은 당연하다. 예를 들면 회전을 만드는 군에서는, 정위치에 있는 길이 1인 선분 OA를 OB까지 움직이는 것처럼 회전시켜서 OB의 위치로 회전을 나타낼 수도 있다. 즉, 원주상의 한 점 B로 OA에서 OB까지의 회전을 나타내기로 하면, 이 군의 각 원소가 원주상의 점으로 나타내어지며, 군 전체가 원주로 나타내어지게 된다.

우리는 '작용' 자체를 눈으로 보기는 어려우므로, 하나의 '작용'이 '대상'을 어떻게 변화시키는지의 결과를 표지판으로 하는 것이 편리한 경우가 많다. 이런 생각에서 카르탕Élie Cartan(1869~1951)은 '운동좌표'라는 것을 고안했다.

하나의 평면 위에 또 하나의 평면이 겹쳐져 있다고 하자. 그러기 위해서는 한 장의 넓은 종이 위에 다른 넓은 종이가 겹쳐져 있는 것이라고 해도 좋다. 아래 종이는 움직이지 않고, 위의 종이만 움직인다. 처음 위치에 있을 때, 위아래 종이의 같은 곳에 일정한 길이의 화살표를 그리고, 그것을 포개둔다. 위의 종이가 움직이기 시작하면 그 화살표도 움직이지만, 그 화살표의 위치를 알면, 원래 위치에서 어떤 움직임을 보였는지를 완전히 알 수 있다. 이 경우, 이 화살표는 '운동좌표'의 일종이다. 그 위치가 완전히 화살표 역할을 한 것이 되는 것이다.

군은 추상적인 '작용'이므로 그것을 구체적으로 파악하기 위해 다양한 시도가 이루어지고 있는데, 그것에 대해서는 나중에 이야기하자.

최초에 말한 기수 6인 유한군으로 돌아가 보자. 이 군의 '구구단 표'에서, a_1, a_2, a_3라는 부분집합을 선택해서 보면, 이것만으로 하나의 작은 군을 만들고 있음을 깨닫는다. 이 작은 군의 '구구단 표'를 뽑아서 새로 만들어보면 아래 그림처럼 된다.

'당 속에 당을 만든다'라는 말이 있는데, 이 a_1, a_2, a_3는 '군 속에 군을 만든' 것이 된다. 이렇게 부분집합이면서 자신 속에 군을 만들고 있는 것을 부분군이라고 부르기로 한다.

	a_1	a_2	a_3
a_1	a_1	a_2	a_3
a_2	a_2	a_3	a_1
a_3	a_3	a_1	a_2

그 밖에 어떤 부분군이 있는지를 찾아보면, 93쪽의 세 개가 발견된다.

또한, 이것은 소소한 예지만, 항등원 a_1 자신이 1인 1당이며, 자릿수가 1인 부분군을 만들고 있는 것은 말할 것도 없다. 또한 부분 속에 자기 자신도 넣는다는 수학자들의 습관에 따라 G 자신도 부분군으로 세기로 하면, 도합 여섯 개의 부분군이 있게 된다. 1장에서 말했듯이, 모든 부분집합은 $2^6=64$만큼 있는 가운데, 여섯 개만이 부분군이 되는 것이다.

	a_1	a_4
a_1	a_1	a_4
a_4	a_4	a_1

	a_1	a_5
a_1	a_1	a_5
a_5	a_5	a_1

	a_1	a_6
a_1	a_1	a_6
a_6	a_6	a_1

여기서 주의 깊게 보면, 부분군의 자릿수는 6, 3, 2, 1로 모두 6의 약수임을 알 수 있다. 이것은 단지 우연일까, 아니면 일반적인 진리의 특별한 경우일까. 실은 후자이며, 일반적으로 '유한군의 자릿수는 부분군의 자릿수로 나누어 떨어진다'라고 말할 수 있다. 이것은 증명 자체가 여러 가지 흥미로운 생각을 포함하고 있으므로 자세히 알아보기로 한다.

그러기 위해 먼저 수학에서 종종 사용되는 분할법에 관해 이야기해야겠다.

과학의 모든 부문에서는 일단 연구하는 대상을 분류하는 일이 필요하다. 가장 두드러진 예는 생물학이다. 동물이라는 집합을 분류한다는 것은, 과연 어떤 것일까. 먼저 동물 전체의 집합 M을 포유류(K_1), 조류(K_2), ……의 유類,

또는 집합론적으로 말하면 부분집합으로 나눈다. 식으로 쓰면 $M=K_1+K_2+\cdots\cdots$ 이다.

즉, 첫 번째로 어떤 동물도 K_1, K_2, …… 중 어떤 파티션에 들어있어야 한다. 두 번째로 어떤 동물도 동시에 두 개의 파티션에 들어갈 수 없다. 즉, 다른 파티션은 공통부분을 갖지 않는다. 이상을 요약하면, 분할이란 집합을 공통부분을 갖지 않은 부분집합의 합으로 나타내는 것이다. 이 각각의 부분집합이 하나하나의 파티션이다.

수학자가 이용하는 분할법도 결과적으로 생물학자의 분할법과 다르지 않다. 하지만 그 최후의 결과에 도달하는 과정은 크게 다르다는 점에 주의해야 한다.

생물학자가 다루는 생물 전체의 집합 같은 경우에는, 각 원소가 뚜렷한 개성을 갖고 있다. 곤충이 다리 여섯 개, 날개 네 장, ……을 갖고 있다는 것은 곤충만의 개성이며, 다른 유와의 관계를 기다려서 정해지는 것이 아니다. 이런 경우에는 요소 중에서 어떤 두드러진 점을 가지고 있는 요소를 모아서, 그것을 유로 묶으면 된다. 예를 들면 날개 네 장, 다리 여섯 개, …… 등의 특징으로 곤충이라는 유를 만들면 된다. 이처럼, 공통의 특징이라는 기준으로 유별해가는 것이 생물학뿐만 아니라 일반적인 학문에서 사용되는 방법이라고 말할 수 있다.

하지만, 수학에서는 사정이 약간 다르다. 그것은 출발점이 다르기 때문이다. 수학자의 눈앞에 놓여있는 것은 '어떤 상호관계가 규정된 기호의 집합'이다. 이 집합에서 하나의 원소를 떼어내서 바라보아도, 그것은 단순히 기호 이외의 어떤 것도 아니다. 다리 여섯 개가 있는 것도 아니고, 날개 네 장을 가진 것도 아니다. 그 기호 자신은 다른 것과 관계하여 비로소 특징을 발휘하는 것이므로, 그것들을 분류할 때도 상호관계를 실마리로 삼아야만 할 것이다. 상호관계를 실마리로 하는 분류법은 아마도 수학 특유의 것이며, 다른 과학에서는 찾아볼 수 없는 것이리라. 따라서 이해하기 상당히 곤란하리라 생각하므로, 되도록 많은 실례를 들어서 설명하기로 한다.

관계도 다양하지만, 여기서는 특히 2항 관계, 즉 두 개의 대상 사이에 성립하는 관계로 한정하기로 한다. 예를 들면, 'a는 b의 친구이다'라는 문장에서 나타나는 관계는 두 개의 대상 a, b 사이에 성립하는 관계다. 그러나, 'a, b, c는 삼자 견제를 이루고 있다'라는 문장은 세 개의 대상 사이에 성립하는 관계이므로, 3항 관계이며 2항 관계가 아니다.

이 친구 관계의, 관계로서의 특징을 알아보자. 먼저 이 관계에서 a와 b를 기계적으로 치환하여 'b는 a의 친구이다'라고 한다면 어떻게 될까. 이 경우, 'b는 a의 친구이다'라는 것은 'a는 b의 친구이다'에서 당연히 나온다. 이런 관계를 대칭적이라고 부르기로 하자. 또한 'a는 b의 적이다'라는 관계도 분명히 대칭적이다. 그러나 'a는 b의 자손이다'라는 관계는 결코 대칭적이지 않다. 왜냐하면 'b는 a의 자손이 아니다'이기 때문이다. 그러나 'a는 b의 형제이다'라는 관계는 물론 대칭적이다.

다음으로 추이적이라는 조건을 알아보자. 자손 관계인 경우에는 명백하게 다음과 같이 된다.

'a가 b의 자손이다'이고, 또한

'b가 c의 자손이다'라면,

'a는 c의 자손이다'라는 결론을 내릴 수 있다.

이런 관계를 추이적이라고 하기로 한다. 그 밖에도 추이적 관계는 얼마든지 있다. 예를 들면 수의 대소 등이 그렇다.

'a가 b보다 크다' $a>b$

'b가 c보다 크다' $b>c$

이 두 가지에서 'a가 c보다 크다' $a>c$가 나오기 때문이다.

하지만 친구 관계는 일반적으로 추이적이 아니다.

'a가 b의 친구이다'

'b가 c의 친구이다'

라는 두 가지에서

'a가 c의 친구이다'라는 반드시 나오지는 않는다. a와 c는 만난 적도 없는 경우가 얼마든지 있을 수 있다. 그러나 형제 관계는 추이적이라는 것은 말할 것도 없다.

세 번째로, 반사적이라는 조건을 알아보자. 이것은 자기 자신과 어떤 관계에 있는 것이다. 이 경우는 문장으로 하면 약간 이상해지는데, 그 점은 적당히 생각하기로 한다. 예를 들어 'a는 a의 친구이다'라든지 'a는 a의 형제이다'라는 것은 이상하게 들리지만, 이것도 양해해주기를 바란다. 물론 'a는 a의 적이다'라고 하면 약간 곤란하지만…….

말을 절약하기 위해 기호를 사용하는 것을 양해하기를 바란다.

'a는 b와 R의 관계다'라는 것을 $a \sim b$(R)이라고 쓰기로 한다. 반대로 'a는 b와 R의 관계가 아니다'라는 것을 $a \nsim b$(R)로 쓴다.

이 기호에서는 반사적이라는 것은 $a \sim a$(R)이며, 대칭적이라는 것은 $a \sim b$(R)이라면 반드시 $b \sim a$(R)이 되는 것이다. 또한 추이적의 조건은 $a \sim b$(R)과 $b \sim c$(R)에서 $a \sim c$(R)가 나올 것임이 틀림없다.

친구, 자손, 적, 형제라는 네 종류의 관계에 대하여 반사, 대칭, 추이의 세 가지 조건이 어떻게 되어있는지를 표로 나타내보면, 다음 표와 같이 된다.

	반사적	대칭적	추이적
친구	○	○	×
자손	×	×	○
적	×	○	×
형제	○	○	○

(○는 성립함, ×는 성립하지 않음을 나타낸다)

반사, 대칭, 추이라는 세 가지 규칙을 한 묶음으로 하여 동치율同値律이라고 부르기로 한다. 따라서 위의 표에서 보면, 형제 관계만이 세 가지 조건을 동시에 만족하고 있다는 것, 즉 동치율을 만족하고 있다는 것이 된다. 분할의 토대가 될 수 있는 것은 세 가지 규칙이 동시에 성립하는 경우, 즉 이 동치율이 성립하는 경우뿐이다.

이 동치율을 만족하는 것 중에는 항등관계 $a=b$가 있다는 것은 말할 것도 없다. 그것은 가장 엄격한 동치관계이며, 또한 반대로 일반 동치관계는 항등관계가 느슨해진 것이라고 할 수 있다.

각 원소 사이에 어떤 동치율을 만족하는 2항 관계 R로 규정되어있는 집합 M이 있다. 이 M을 R에 의해 분할해 보기로 하자.

M 중에서 자유롭게 한 가지 원소를 꺼내서 그것을 a_1이라고 한다. 이때 a_1과 R의 관계에 있는 원소 전체의 집합, 즉 $a_1 \sim x(\mathrm{R})$가 되는 x 전체를 $\mathrm{K}(a_1)$이라고 한다. 이 $\mathrm{K}(a_1)$은 어떤 성질을 가진 부분집합일까.

먼저 그것은 a_1 자신을 포함할 터이다. 왜냐하면 R은 반사적이어서 $a_1 \sim a_1(\mathrm{R})$이 되기 때문이다.

만약 $\mathrm{K}(a_1)$에서 나머지가 없었다면, 여기서 그만둔다. 이때는 M이 단지 하나의 파티션으로 이루어져 있는 것이 되며, 분할 효능은 없을 터이다.

나머지가 있다면 그중에서 자유롭게 하나만 취해서 그것을 a_2라고 하고, a_2와 R의 관계에 있는 것 전체를 $\mathrm{K}(a_2)$라고 한다. 이 $\mathrm{K}(a_2)$는 앞의 $\mathrm{K}(a_1)$과는 공통 원소는 갖지 않을 터이다.

만약, b라는 공통의 원소를 갖는다면, $a_1 \sim b(\mathrm{R})$,

$a_2 \sim b$(R)이므로, 제2의 식에서 대칭률을 사용하면 $a_1 \sim b$(R), $b \sim a_2$(R). 추이율을 적용하면 $a_1 \sim a_2$(R)이 된다. 그러면 a_2가 처음부터 K(a_1) 안에 들어있던 것이 되어 처음 가정과는 반대가 된다. 그러므로 위와 같은 b는 없을 터이다.

이처럼 계속해서 K(a_1), K(a_2), K(a_3), ……을 만들어가면 M의 분할이 가능해진다. M=K(a_1)+K(a_2)+…….

거기서 이상을 정리하면, 어떤 집합 M에 반사, 대칭, 추이의 동치율을 만족할 것 같은 2항 관계가 정해져 있다면, 그것을 토대로 하여 분할이 이루어지게 된다. 동치관계가 특히 가장 엄격한 항등관계라면, 모든 파티션의 한 가지 원소로 구성된 1인 1당이 된다는 것은 말할 것도 없다.

이것과는 정반대로 M의 분할이 있을 때, 거기에서 동치관계를 정할 수 있다. 그것은 'a는 b와 같은 파티션에 속한다'라는 2항 관계를 생각하면 되는 것이다. 상호관계에서 분할을 한다는 수학 특유의 분할법은 이런 것이다.

이 방법을 사용하여 적절한 연습을 해보자. 일본의 모든 도시의 집합을 M이라고 하자. M의 원소는 도쿄, 오사카, ……, 후쿠오카, ……, 다카마쓰, ……등의 도시다.

이때 2항 관계로서 'a는 b에서 육지만 거쳐서 갈 수 있다'라는 관계를 취하자. 이 관계가 반사, 대칭, 추이의 세 가지를 만족하는 동치관계라는 것은 어렵지 않게 확인할 수 있다. 그러므로 이 관계를 토대로 하여 M의 분할이 가능할 터이다. 첫 번째 도시를 도쿄로 잡으면, 이것과 동치인 도시, 즉 도쿄에서 육지만 거쳐서 갈 수 있는 도시는 혼슈에 있는 도시 전체이며, 이것이 하나의 파티션을 만든다. 다음으로 이 '혼슈류'에 속하지 않는 하나의 도시, 예를 들면 후쿠오카를 취하면 후쿠오카와 동치인 도시 전체, '규슈류'가 생긴다. 이렇게 해나가면 '시코쿠류' '홋카이도류' ……가 생겨서 분할이 완료되게 된다.

여기서 이야기를 군으로 돌려보자. 우리의 최초의 목적은 '유한군의 자릿수는 부분군의 자릿수로 나누어떨어진다'라는 것을 증명하는 것이었다. 군 G 중의 하나의 부분군을 g라고 한다. 이때 g를 토대로 하여, G의 두 개의 원소 a, b 사이에 다음과 같은 2항 관계를 만든다.

'a는 b에 부분군 g의 적당한 원소를 오른쪽부터 곱해서 만들어진다.'

식으로 쓰면, g에 속하는 적당한 g_1으로 $a=bg_1$이라고 쓸 수 있는 것이다.

이 관계가 먼저 반사적이라는 것을 보여주자. 부분군 g는 아무튼 군이므로 항등원 e를 포함하고 있다. 이 e를 사용하면 $a=ae$이므로 $a\sim a$(R).

다음으로 대칭률인데, 이것은 $a\sim b$(R) 즉 $a=bg_1$에서

$$ag_1^{-1}=(bg_1)g_1^{-1}=b(g_1g_1^{-1})=be=b$$

정리하면 $b=ag_1^{-1}$이 된다. g_1이 g에 속하고, g가 군이므로 g_1^{-1}도 g에 속한다. 그러므로 조건대로 $b\sim a$가 된다. 다음으로 추이율인데, 이것은 $a\sim b$, $b\sim c$, 바꿔 말하면, $a=bg_1$, $b=cg_2$에서 $a=bg_1=(cg_2)g_1=c(g_2g_1)$으로 g가 군이므로 g_1, g_2가 g에 속하면 g_2g_1도 g에 속한다. 그러므로 $a\sim c$.

여기서 동치율의 세 가지 조건이 모두 확인되게 된다. 따라서 g에 의해 분할이 가능해지는 것이다.

이 파티션 중에서 항등원 e를 포함하고 있는 것은 g 자신이라는 것은 말할 것도 없다. a_1, a_2, ……을 포함하고 있는 파티션을 a_1g, a_2g, ……으로 나타내면 $G=g+a_1g+a_2g+$……라고 쓸 수 있다. + 기호는 집합을 합치는 표시다. 앞의 일본 도시 예에서도 그렇지만, 일반

의 분할에서는 각각의 파티션이 같은 기수를 가진다고는 할 수 없다. 그런데, 이 부분군의 분할에서는 각각의 파티션이 동일한 기수를 갖는다. 왜냐하면 g와 a_1g를 비교하는데, g의 하나의 원소 g_1과 a_1g_1를 대응시키면 분명히 일대일이 되기 때문이다.

여기서 G가 g와 동일한 기수를 갖는 몇 가지 부분집합으로 나뉘므로, g의 기수 즉 자릿수가 G의 그것을 나머지 없이 나눈다는 것을 알 수 있다.

앞의 예에서 g를 $g=\{a_1, a_2, a_3\}$라는 부분군으로 하고, 이 군 g_2에 의한 분할을 행해보면, 세 개의 원소를 포함하는 파티션이 두 개가 된다. $\{a_1, a_2, a_3\}+\{a_4, a_5, a_6\}$.

또한 $g=\{a_1, a_4\}$로 분할하면, $\{a_1, a_4\}+\{a_5, a_2\}+\{a_6, a_3\}$으로 나뉜다. 이 분할에서 항등원을 포함하는 파티션은 부분군 자신이지만, 다른 파티션은 결코 군이 되지 않는다. 왜냐하면 항등원 e를 포함하지 않기 때문이다. 이런 g 이외의 파티션, 위의 예에서는 $\{a_5, a_2\}$나 $\{a_6, a_3\}$와 같은 파티션을 부군副群이라고 부르는 사람도 있다.

한 번 더 이 군의 구구단 표를 바라보자. 그러면 분명히 다음의 사실을 깨달을 것이다. 그것은 $g=\{a_1, a_2, a_3\}$를 토대로 한 분할의 파티션 $K_1=\{a_1, a_2, a_3\}$, $K_1=\{a_4, a_5,$

		K_1			K_2		
		a_1	a_2	a_3	a_4	a_5	a_6
K_1	a_1	a_1	a_2	a_3	a_4	a_5	a_6
	a_2	a_2	a_3	a_1	a_5	a_6	a_4
	a_3	a_3	a_1	a_2	a_6	a_4	a_5
K_2	a_4	a_4	a_6	a_5	a_1	a_3	a_2
	a_5	a_5	a_4	a_6	a_2	a_1	a_3
	a_6	a_6	a_5	a_4	a_3	a_2	a_1

	K_1	K_2
K_1	K_1	K_2
K_2	K_2	K_1

a_6)가 곱셈에 대해 각각 한 모임이 되어 행동하고 있다는 것이다. 구구단 표 가운데에 굵은 선을 그으면 위의 표와 같이 된다.

여기서 굵은 선 안에서는 K_1, K_2 중 하나만 들어있으며, 혼합되어 들어있는 일은 없다. 이것은, 예를 들어 K_1와 K_2에서 마음대로 원소를 취해서 서로 곱하면 결과가 전부 K_2 안에 들어가며 K_1, K_2로 나눠지지 않는다. 다시 말하면 K_1, K_2라는 분할이 곱셈에 대해 단단한 단결력을 가진 것이 된다. 거기서 위의 표를 대충 써보면, 앞 페이지의 아래쪽 표와 같이 될 것이다.

이 표를 보면, 이것이 자릿수 2인 다른 군에 대한 구구단 표가 되어있음을 알 수 있다. 하지만, 이 군에서는, 원래 군의 원소의 모임이 하나의 원소로 간주되어있다. 여기서도 우리는 수를 집합수와 단위의 통일로 본 헤겔의 말을 떠올린다. K_1, K_2는 원래의 군 G에서는 다양한 것이지만, 새로운 군에서는 단일한 것이다. 이렇게 해서 생겨난 새로운 군 G'을, G를 부분군 g로 나누어 얻은 몫군이라고 부른다. 기호적으로는 $G'=G/g$이라고 쓴다.

그러면 똑같은 것을 $g=\{a_1, a_4\}$라는 부분군에서 해보자. 이때 분할은

$$K_1=\{a_1, a_4\}, K_2=\{a_5, a_2\}, K_3=\{a_6, a_3\}$$

인데, 예를 들어 K_1과 K_2를 곱해보면, $a_1a_5=a_5$, $a_1a_2=a_2$, $a_4a_5=a_3$, $a_4a_2=a_6$가 되어, 곱한 네 개의 결과는, K_2와 K_3에 분산되어있다. 따라서 이런 분할의 방법으로는 곱셈에 대해서 각각의 파티션이 단결력을 갖고 있지 않다는

것을 알 수 있다. 따라서 부분군으로 분할해도 몫군을 만들 수 없는 경우가 있을 수 있다는 것이 된다.

그러면 어떤 부분군일 때 몫군이 생길까. 그것을 생각해보자. G의 임의의 원소를 a라고 한다. a를 포함하고 있는 파티션은 ag이며, a^{-1}을 포함하고 있는 유는 $a^{-1}g$이다. 그때 이 파티션의 곱은 모두 어떤 하나의 파티션에 들어있다. 그런데 그 파티션에는 $aa^{-1}=e$도 들어있으므로 g 자신이라는 것을 알 수 있다.

$$(ag)(a^{-1}g)=g,\ aga^{-1}=gg^{-1}=g$$

즉, 임의의 a로 g에서 aga^{-1}를 만들면, 그것이 다시 원래의 g가 되는 군이어야만 한다. 이런 특별한 부분군을 불변 부분군이라고 한다. 또한 이 불변 부분군으로 분할하면 몫군이 생기는 것도 바로 알 수 있다.

위와 같은 예에서는, $\{a_1, a_4\}$는 부분군이기는 하지만, 불변 부분군은 아니다.

이 불변 부분군의 중요성을 처음으로 인정한 사람은 역시 갈루아였다.

지금까지 하나의 군 안에서 다양한 조직을 연구했다.

군을 국가에 비유하면 그것은 하나의 '국내적인' 문제였던 셈이다. 하지만 그다음에는 당연히 두 개 이상의 군을 서로 비교할 필요가 생긴다. 이것은 '국제적인' 문제라고 해도 될 것이다.

두 개의 군 G, G′가 있을 때, 그것이 같은 관계의 타입을 가졌는지 그렇지 않은지, 바꿔 말하면, 동형인지 그렇지 않은지를 구별하려면 구체적으로는 어떻게 하면 좋을까.

지금까지 '삼자견제'의 동형을 알아보았을 때와 마찬가지로, 일단 G와 G′ 사이에 일대일대응이 존재하는 것은 물론이지만, 그것만으로는 충분하지 않다. 그 일대일대응은 G의 원소 간 상호관계를, G′의 그것에 그대로 베껴 온 것이어야 한다. G의 상호관계는 즉 결합이므로

$$\mathrm{G} \to \mathrm{G}'$$

$$\begin{gathered} a \to a' \\ b \to b' \\ ab \to a'b' \end{gathered}$$

바꿔 말하면 a, b에서 a', b'으로 대응이 있다면 ab는 $a'b'$에 대응하고 있어야만 한다.

또한, 역원이 역시 역원으로 베껴져 있을 필요가 있다.

$$a \rightarrow a'$$
$$a^{-1} \rightarrow a'^{-1}$$

이런 일대일 사상을 동형사상이라고 하며, 동형사상이 만들어지는 두 개의 군을 동형이라고 부르기로 한다.

두 개의 군의 구구단 표가 있을 때, 원소뿐만 아니라 표 전부를 정확히 겹칠 수 있다면, 비로소 두 개의 군은 동형이 되는 것이다, 이런 동형 대응에서는 항등원은 반드시 항등원으로 베껴질 것이다.

$$e \rightarrow e'$$

무한군의 동형으로 두드러진 예를 하나 들어보자. 양의 실수를 곱셈으로 결합하면, 한 개의 군이 된다. 이 군을 G라고 한다. 또한 양과 음의 실수 전체를 덧셈으로 결합하면, 또 하나의 무한군이 생긴다. 이 군을 G′이라고 한다. 거기서 $\varphi(a)=\log a$라는 G에서 G′로 일대일대응을 취하면

$$\log(ab)=\log a+\log b$$

이므로, 이것은 G에서 G′에의 동형사상을 만들고 있다. 항등원이 항등원으로 베껴진다는 사실을 쓰면 log 1=0이 될 수밖에 없다. G의 항등원은 1이며, G′의 항등원은 0이기 때문이다…….

이렇게 해서 군이라는 말을 사용하면 로그의 의미를 아주 잘 알 수 있게 된다. 로그란 양의 실수의 곱셈군을 양과 음의 실수의 덧셈군으로 베끼는 동형사상이었던 것이다.

G에서 G′로의 동형사상이 있다면 G라는 실물을 G′라는 모사품으로 베꼈다는 것이 된다. 동형이라면 이 모사품은 완전한 실물 크기의 사진과 마찬가지로, G를 완전히 베끼고 있다. 하지만 같은 모사품이라도 약도나 축도, 스케치가 있듯이, 군에도 역시 그것이 있다. 때로는 스케치나 만화가 실물 크기 사진보다 실물의 진실을 전달하듯이, 군에서도 약도나 스케치가 중요한 경우가 있다. 약도나 스케치에 해당하는 것은 준동형인데, 이것에 대해서 잠깐 이야기하자.

동형사상의 정의를 약간 느슨하게, 일대일을 다대일이라도 괜찮은 것으로 하기로 한다. 그러나 곱은 곱으로 베낀다는 것은 앞에서와 같다고 하면, 준동형사상이 된다.

앞에서 설명했던 예로 말하면, 자릿수 6인 치환의 군 G에서 G′=G/g에의 사상이 그것에 해당한다. 이런 사상이 3대 1의 준동형이라는 것은 말할 것도 없다(아래 그림(1) 참조).

이처럼 준동형사상에서 베껴지는 G′은 G와 동형은 아니지만, G의 조잡한 모사 또는 약도는 된다. 하지만 어떤 군이라도 항등원만으로 되어있는 1인 1당의 군 G′={e}로 베껴지지만, 이것도 준동형사상의 일종이며, 극단적으로 조잡한 약도라고 말하지 못할 것도 없다(그림(2) 참조).

또한 하나의 군 G에서 다른 군 G′에의 준동형인 사상이 있다면, G′의 같은 원으로 베껴지는 G의 원래의 모

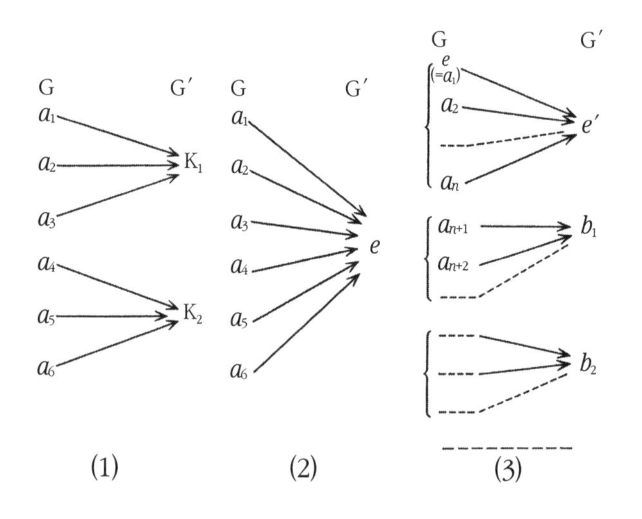

임은 G의 분할을 만들고 있는 것은 명백할 것이다. 이때, G′의 항등원 e'로 베껴지는 G의 완전체 집합은 하나의 부분군 g를 만들고 있을 터이다. 왜냐하면 두 개의 원 a, b가 e'로 베껴지면, 그것의 곱인 ab도, 역원인 a^{-1}도 e로 베껴지기 때문이다. $a \to e'$, $b \to e'$라면, 준동형이라는 것에서 $ab \to e'e' = e'$, 또한 마찬가지로 준동형이므로 $a \to e'$에서 $a^{-1} \to e'^{-1} = e'$가 나온다(그림(3) 참조).

그런데 이 부분군 g는 부분군이기만 한 것이 아니라 불변 부분군이기도 하다. 이유는 다음과 같다. x가 넓은 G의 원소이기는 하지만 반드시 좁은 g 안에 들어있다고는 할 수 없는 것이라고 하자. 이때 x가 x'로 베껴진다고 하면, 오른쪽처럼 되므로, xax^{-1}도 또한 g 안에 들어갈 터이다. 이것은 g가 불변 부분군이라는 것과 다름없다. 이 g로 G를 나눈 몫군 G/g가 G′와 일대일로 동형임은 물론이다.

$$
\begin{array}{rl}
 & x_1 \to x' \\
 & a \to e' \\
\times & x^{-1} \to x'^{-1} \\
\hline
 & xax^{-1} \to x'e'x'^{-1} \\
 & = x'x'^{-1} = e'
\end{array}
$$

이 사상에 있어서 g를 핵核이라고 하기도 하는데, g가 대체로 사상의 세밀함과 조잡함을 구별하는 척도가 되는 것이다. g

가 작으면 작을수록 사상은 세밀하고, 극단적인 경우로서 g가 $\{e\}$라는 군이라면 사상은 동형이 되는 것이다.

이처럼, 군이란 '작용'이나 운동이나 변화의 모임이었다. 우리를 둘러싼 자연이 이와 같은 '작용'이나 운동이나 변화로 가득 차 있는 이상, 군은 어디에나 존재한다고 말할 수 있을 것이다. 하지만, 그것은 공기나 흙이나 물이 어디에나 있는 것과 같은 형태로 있는 것은 아니다. 군은 그것들의 배후에, 그것들을 지배하는 원리 안에 법칙이라는 형태로 존재하는 일이 많다.

확실히, 군이 '대상'이라기보다 '작용'이라는 것이 군의 발견을 늦춘 커다란 원인 중 하나였을 것임이 틀림없다. 그러므로, 이 까다로운 군 자체를 좀 더 알기 쉽게 하는 일이 당연히 연구되게 된다. 그러기 위해서는 '작용'으로서 추상적으로 주어진 군과 동형인 구체적인 모사품을 찾아내야 한다. 이런 구체화를 수학자는 '표현'이라고 부른다. 앞에서 이야기한 카르탕의 '운동좌표'도 표현의 일종으로 보아도 될 것이다.

예를 들어 다음 페이지의 그림 (a)에서 제시된 추상적인 관계에 대해, 같은 관계를 가진 구체적인 실례인 그림 (b)를 발견하는 것이 우리의 표현에 해당하는 것이다.

추상적이라는 것은 현대수학이 종종 받는 비난의 주된 요인이다. 분명히 수학이 자신의 진짜 기반인 자연과의 연관을 잊고 단지 자기 자신의 흥미만 추구하여 추상화의 방향으로만 나아가고 있다면, 실재의 세계에서 분리되어 결국 학문 스스로 죽음이 찾아올 것임은 의심의 여지가 없다. 분명히 현대수학 속에 이런 추상화를 위한 추상화라는 위험이 없다고는 말할 수 없을 것이다. 이런 위험에 빠지지 않기 위해서는 한편으로는 구체화를 향한 집요한 노력이 이루어져야 한다. 표현이라는 절차는 이 구체화를 위한 시도라고 생각해도 된다. 말 나온 김에, 군의 구체화, 즉 매트릭스에 의한 표현이 원자물리학에서 지극히 효과적으로 이용되고 있는 것을 말해두고 싶다.

군 다음으로는 환이나 체가 나타난다. 하지만 이것들은 생각의 방향에서는 군과 동일한 것이므로 자세히 이야기하지 않기로 하고 아주 간단히 설명해둔다.

우리의 모든 사고의 출발점인 정수로 돌아가 보자. 이

정수에는 덧셈이라는 결합이 있다는 것은 이미 알고 있지만, 곱셈이라는 종류가 다른 결합이 있다는 것도 명백하다. 이처럼, 환이나 체는 곱셈, 덧셈이라 부르는 두 종류의 결합을 가지고 있는 집합이다.

여기서는 오히려 군과는 상당히 방향이 다른 것으로서, 격자에 대해 약간 자세히 이야기해보자. 격자는 순서라는 사고에 토대하고 있으므로, 먼저 순서에 관해 이야기해야겠다.

예를 들어 하나의 관공서에서 일하고 있는 사람 전체의 집합을 생각하면, 이것은 집합론적인 의미에서의 집합일 뿐만 아니라, 또한 어떤 상호관계로 조직된 집합이다. 다양한 상호관계 속에서 명령계통이라는 것을 취하면 한 개의 순서가 붙는다. 이것은 순서가 붙은 집합의 일종이다.

이처럼 순서가 붙은 집합의 예를 몇 가지 들어보자. 누구든지 처음에 떠올리는 것은 자연수의 집합에 수의 대소를 생각한 경우일 것이다.

$$1 < 2 < 3 < 4 < \cdots\cdots$$

이 자연수의 순서만큼 인간의 일상생활에 깊숙이 파고 들어 와 있는 것은 달리 없을 것이다. 달력 한 장을 넘길 때도, 금전을 감정할 때도 자연수의 순서가 배경을 이루고 있다. 거기서, 이런 순서를 가진 집합을 ω로 나타내기로 하고 있다.

같은 자연수라도 순서를 붙이는 법을 바꾸면 다른 형태의 순서를 얻을 수 있다. 예를 들면 b가 a로 나누어질 때도 편의상 $a<b$라고 쓰면, 일종의 순서가 붙는다. 하지만, 이 순서로는 두 개의 자연수가 언제나 $a>b$나 $a<b$, 또는 $a=b$라고는 말할 수 없다. 4와 7로는 $4<7$, $4>7$, $4=7$의 어느 것도 성립하지 않는다.

세 개의 숫자로 이루어져 있는 집합 M={1, 2, 3}이 있다. 이때 M의 모든 부분집합은 전부 $2^3=8$종류 있다는 것은 이미 알고 있지만, 이때 b는 a의 부분집합이라는 관계에서 순서를 붙일 수 있다. 이것은 $a>b$라고 나타내면, 이것도 순서가 붙은 집합이다. 인간에게 자손 관계로 순서를 붙인 경우도 그렇다.

이만큼의 실례가 모였으므로, 그것들에 공통되는 순서를 추출해보자.

(1) 먼저 집합 M이 있다. M의 원소는 $a, b, c,$ ……이다.

M=$\{a, b, c,$ ……$\}$

(2) M의 두 개의 원소 사이에는 $x \geqq y$로 나타내어진 관계가 정해져 있다. (명령계통, 대소, 부분집합, …… 등)

(3) 반사적이다. $x \geqq x$

(4) 두 개의 다른 것에 대하여, 동시에 $x \geqq y$, $y \geqq x$는 성립하지 않는다. (역대칭적)

(5) 추이적이다. $x \geqq y$, $y \geqq z$에서 $x \geqq z$가 나온다.

지금까지 든 실례가 모두, 이 조건에 해당하는 것은 말할 것도 없다.

이와 같은 순서라는 상호관계가 있는 집합을 부분순서집합이라고 한다. '부분'이란 임의의 두 개에 언제나 순서가 붙어있다고는 할 수 없기 때문이다. 어떤 관공서의 명령계통도 장관부터 일체를 이루고 있지는 않다.

하지만 군대처럼 임의의 인원 두 명 사이에 상관인지 부하인지 구별이 되어있는 것처럼 가장 엄격한 순서를, 특히 선형 순서라고 이름 붙이자. 예를 들면 자연수의 순서 ω 등은 이 선형 순서의 일종이다.

자손 관계를 가장 잘 나타내는 데에는 가계도가 이용

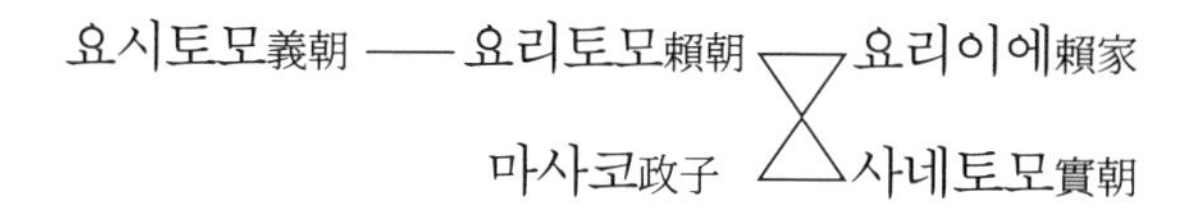

된다.

예를 들면 미나모토노 요리토모源頼朝의 가계도는 오른쪽과 같은데, 이 다섯 명의 사람의 집합은 하나의 부분순서를 만들고 있는 셈이 된다.

일반적인 부분순서 집합에도 이 가계도를 이용하는 것이 연구되었다. 이것은 $a>b$일 때

로 위아래로 쓰고, 그 사이를 선으로 연결해간다.

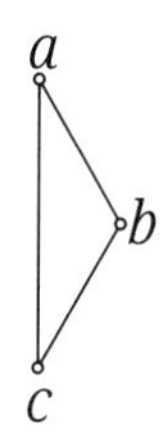

라면

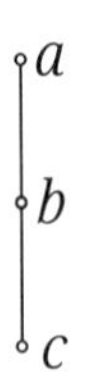

에서 $a>c$임은 말할 것도 없으므로, 이것은 쓸 필요가 없다. 바로 위의 것과 아래의 것을 선으로 연결하면 된다. 가계도에서도 친자관계만을 잇고, 조부, 손자 사이는 이을 필요가 없는 것이다. 이렇게 만든 그림을 일반적으로 가계도라고 하기로 한다. 유한의 집합이라면 이런 가계도를 만들기는 쉬우며, 부분순서 집합의 형을 잘 나타낸다. 두어 가지 예를 들어보자.

두 개의 숫자 1, 2로 이루어진 집합의 모든 부분집합을 '포함한다, 포함된다'로 순서를 붙인 것은, 다음 페이지의 가계도로 나타내어진다.

이 가계도는 마름모꼴인데, 이것과 같은 형태로 혈액

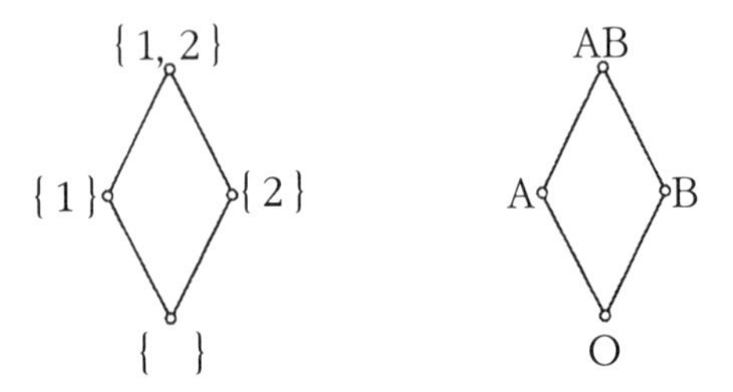

형이 있다는 점은 상당히 재미있다. O, A, B, AB라는 네 가지 혈액형의 집합으로 'x에서 y로 수혈 가능하다'라는 관계에서

$$x \leqq y$$

라는 순서를 정하면, 위와 같은 가계도가 만들어진다. 이것도 마름모꼴이며 앞의 가계도와 동형이라는 것은 말할 것도 없다.

이번에는 세 개의 문자 1, 2, 3의 집합 M의 모든 부분집합에 '포함한다, 포함된다'의 순서를 생각하면 다음 그림과 같이 된다.

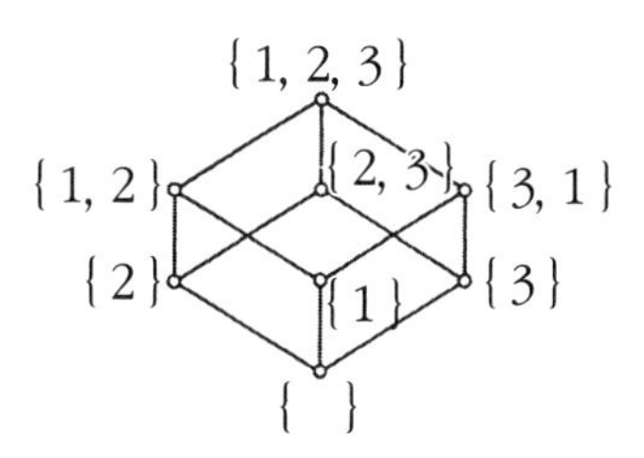

일반적으로 임의의 집합 M의 모든 부분집합의 집합 $\mathfrak{M}$에 '포함한다, 포함된다'의 관계로 순서를 붙이면 분명히 부분순서 집합이 생긴다. 이런 집합에는 합집합과 교집합

을 만드는 두 개의 결합이 정의되어있었는데, 순서를 토대로 하여 이 두 개의 결합을 정하면, 다음과 같이 된다.

A와 B의 합집합 A+B는 어떤 집합일까. 먼저 A, B 양쪽보다 큰 집합 C를 생각하고, A≦C, B≦C라고 한다. 그런 C 중에서 가장 작은 것을 취하면 된다.

반대로 교집합을 만들려면 C≦A, C≦B가 되는 모든 집합 C 중에서 최대의 것을 선택하면 된다. 이렇게 하여 얻어진 집합을 새로운 기호로 A∪B, A∩B라고 쓰면, 이 ∪와 ∩가 딱 덧셈과 곱셈의 결합과 아주 비슷한 종류가 다른 결합임을 알 수 있다. 하지만, 모든 부분순서 집합이 반드시 이런 ∪와 ∩이 있다고는 할 수 없다.

예를 들면 인간의 집합을 자손 관계로 순서를 붙였을 때, 그것은 분명히 부분순서 집합은 되지만, ∪와 ∩는 반드시 존재하지는 않는다. 자손 관계에서 A∪B는 A와 B의 공통 선조 중에서 가장 가까운 것을 의미할 텐데, 친척이 아닌 이상, 그것은 존재하지 않을 것이다. 단, 공통의 선조로 아담을 가정한다면 별개의 문제지만……. 또한, A와 B가 형제라면 아버지와 어머니라는 두 명의 선조가 있으므로, A∪B는 하나로는 정해지지 않는다. A∩B에 있어서는 더욱 그러하며 두 사람의 아이, A, B 사이에는 $A \cap B$는 절대 존재하지 않는다. 왜냐하면 그것은 공통의 자손을 의미하기 때문이다.

예를 들어 앞에서 쓴 요리토모의 계도에서 요시토모와 마사코에게 공통의 선조가 있을 리도 없고, 요리이에와 사네토모에게 공통의 자손도 없을 터이다.

∪와 ∩이 언제나 존재할 만한 부분순서 집합을 격자라고 한다.

∪와 ∩의 예를 들자면, 혈액형을 만드는 부분순서 집합에서는,

$$A \cup B = AB,\ A \cap B = O,\ A \cap O = O,\ A \cup O = A$$

……………………………………………

이다. 이것이 보통의 대수에 있어서 A+B, A×B, ……와 아주 비슷한 것이며, 두 개의 대상에서 제3의 원소가 태어나는 점에서 결합의 일종이라는 것은 말할 것도 없다.

따라서 격자가 넓은 의미의 대수라는 것도 명백하다.

격자는 모든 수학 속에, 또는 더욱 넓게는 과학 전체 속에 종종 모습을 드러낸다. 하지만 그것이 수학자의 시선을 끌어 계통적으로 연구되게 된 것은 30년도 채 되지

않는다.

특히 군대적 순서에서는 계급의 상하를 계도로 하면, 위아래로 뻗은 하나의 나무가 될 터이다. 이런 순서는 이미 칸토어가 연구한 것이다. 집합의 모든 상호관계를 파괴한 칸토어 자신이, 순서라는 상호관계를 회복시키지 않으면 않게 된 것은 흥미롭다.

칸토어는 선형 순서가 붙은 집합을 순서 집합이라고 하고, 두 개의 순서 집합 사이에 순서를 바꾸지 않은 일대일 대응이 이루어졌을 때, 같은 순서형을 갖거나, 닮음이라고 말했다. 우리라면 동형이라고 말하고 싶은 대목이다.

우리에게 있어서 가장 오래되고, 가장 중요한 자연수의 순서형

$$\omega=\{1, 2, 3, 4, \cdots\cdots\}$$

로 돌아가 보자. 이런 순서형에는 어떤 특징이 있을까. 왼쪽에서 오른쪽으로 나아가는 경우는 한없이 나아갈 수 있다. 오른쪽에는 한계가 없다. 그러나 반대로 오른쪽에서 왼쪽으로, 바꿔 말하면 큰 쪽에서 작은 쪽으로 역행할 때는 무한의 걸음을 불가능하며, 반드시 유한 회에서 끝

이 난다. 조금 달리 말해보자. ω 안에서 마음대로 부분집합을 취하면, 그 부분집합에는 반드시 최소의 원소가 있다. 얼핏 보기에 이것은 당연한 것 같은 생각이 든다. 분명히 몇 명의 사람이 있다면 그중에는 가장 키가 작은 사람이 반드시 있다. 그런데, 그것은 유한집합에만 말할 수 있다. 예를 들면,

$$1+1,\ 1+\frac{1}{2},\ 1+\frac{1}{3},\ \cdots\cdots,\ 1+\frac{1}{n},\ \cdots\cdots$$

라는 수 안에는 가장 작은 수는 없는 것이다. 아무리 작은 수를 취해도, 그것의 오른쪽에 좀 더 작은 수가 나타나기 때문이다.

무한집합인 ω에 언제나 최소의 것이 있다고 한다면, ω는 아주 특별한 배열을 취하고 있다는 것이 된다. ω의 이런 특성을 염두에 두고, 수학적 귀납법이라고 불리는 수학자의 상투적인 수단을 설명하자.

태고시대부터 알려져 있던 사실이지만, 1에서 시작하여 홀수를 계속 더해가면 모두 정수의 제곱이 된다는 사실이 있다.

이것은 100까지 하든 1000까지 하든 변함이 없다. 수

$$1=1^2$$

$$1+3=4=2^2$$

$$1+3+5=9=3^2$$

$$1+3+5+7=16=4^2$$

$$\cdots\cdots\cdots\cdots\cdots\cdots$$

학 이외의 과학에서는 이 정도의 실험을 해서 시험했다면 그때는 '1부터 이어지는 홀수의 합은 모두 정수의 제곱이 된다'라고 결론을 내려도 결코 성급하다고 비난받는 일은 없을 것이다. 보통의 귀납법은 이것이다. 하지만, 수학에서는 유한한 횟수의 실험에서 '모든'이라는 결론을 끌어내는 것이 허락되지 않는다. 비록 천 번, 만 번의 실험이라도 '모든'이라는 것으로 비약하는 논거로서는 불충분하다. 하지만, 실험 횟수가 많으면 많을수록 '모든'에 대해서 성립할 확실성은 강해진다. 이렇게 많은 경우에 실험적으로 확인된 사실을 '모든' 경우에 성립한다는 것을 증명하려면 다른 방법이 필요하다. 이런 사태에 직면했을 때 이용되는 것이 수학적 귀납법이다. 문장 속에 1, 2, 3, ……, n, ……이라는 수를 포함하고 있는 명제가 있다. '1부터 시작하여 순차적으로 n개의 홀수를 더

하면, 그 합은 n^2이다'라는 명제 등은 그런 하나의 예다. 이 명제의 진위는 지금으로서는 알 수 없지만, 그것이 참이라는 것을 증명하려면 다음과 같은 순서를 따른다.

(1) n이 1일 때, 참이라는 것을 실험적으로 확인한다.
(2) 1부터 n까지는 성립한다고 가정하고, 그 가정을 이용하여 그다음인 $n+1$도 성립한다는 것을 확인한다.

이 정도의 수속을 완료한다면 명제는 증명되며, '많이'에서 '모든'이라고 주장할 권리가 나온다. 왜냐하면, 만약 n 중의 어떤 번호에 대해서 성립하지 않는 것이 있다고 하자. 이처럼 성립하지 않는 번호 전체는 ω의 부분집합이 되어있다. 부분집합이라고 해도 적어도 한 개의 원소는 있는 것이므로, 공집합은 아니다. 그러므로 그중에서 가장 작은 번호 m이 있다. m보다 앞의 번호에 대해서는 명제는 모두 성립하고 있을 터이다. 그런데, 1부터 $m-1$까지 성립하면 m도 성립한다는 것은 (2)에서 확인되어 있으므로, 이것은 모순이다. 그러므로 성립하지 않을 번호는 처음부터 하나도 없었다. 즉, 모든 번호에 대해서 성립하게 된다. 이 논법을 앞의 명제에 응용해보자.

(1) $1=1^2$이고 1일 때는 확인되었다.

(2) n일 때 옳은 것이라고 한다. 1, 2, ……, n의 모든 경우에 옳다고 가정하지 않더라도, n일 때에만 가정하여 목적을 달성하는 일이 많다.

$$1+3+5+\cdots\cdots+(2n-1)=n^2$$

양변에 다음의 홀수 $2n+1$을 더한다.

$$1+3+5+\cdots\cdots+(2n-1)+(2n+1)=n^2+2n+1$$

우변을 바꾸면

$$1+3+5+\cdots\cdots+(2n-1)+(2n+1)=(n+1)^2$$

이 최후의 결과는, 명제 안에서 n을 $(n+1)$로 그대로 치환한 것이다.

이것으로 증명이 되었다.

이 방법은 많은 사람에게 장기라는 유희를 떠오르게 할 것이다. 1, 2, 3, ……이라는 번호가 붙은 장기말이 순

서대로 배열되어있다. 이때, 모든 말이 쓰러지는 것을 증명하려면

(1) 첫 번째 말은 반드시 쓰러진다.
(2) 첫 번째부터 제 n번까지 쓰러지면 다음의 $(n+1)$번은 반드시 쓰러진다.

이것이 확인된다면, 모든 말이 쓰러지는 것이 증명되는 것이다.

이런 편리한 논법이 적용될 수 있는 근거는 ω라는 순서형의 특수성에 있다는 것은 명백하다. 그 특수성이란, '모든 부분집합에는 반드시 최소의 원소가 있다'라는 것이다. ω에 한하지 않고, 그 밖에도 이런 순서형이 있다면, 수학적 귀납법은 그대로 사용할 수 있을 터이다.

ω 이외의 순서형에서, 이 성질을 가진 것을 들자면, 예를 들어 ω를 두 개 이은 것이 그러하다.

$$1, 2, 3, 4, \cdots\cdots, 1', 2', 3', 4', \cdots\cdots$$

뒤는 앞의 것과 구별하기 위해 $'$를 붙여둔다. 이것은

ω와 같은 순서형을 좌우로 연결한 것으로, 칸토어는 덧셈 기호로 $\omega+\omega$로 나타냈다. 이와 같은 순서형에도 귀납법은 당연히 적용할 수 있다.

일반적으로 '모든 부분집합이 최소의 원소를 갖는' 순서형을, 정렬된 형이라고 하기로 한다. 이렇게 정렬된 집합의 순서형은 많은 점에서 보통의 수와 아주 비슷하므로 칸토어는 순서수順序數라고 이름 붙였다. 이들 순서수는 덧셈, 곱셈, 심지어 거듭제곱할 수 있으며, 보통의 수와 마찬가지로 계산을 할 수 있는 것이 알려져 있다.

일반적으로 속은 군보다 종종 나타나지만, 군만큼 유효하지는 않은 것 같다. 비유하자면 속의 논리는 정적인 형식논리에 가까우며, 군의 논리는 훨씬 동적이고, 철학자라면 변증법적 논리에 정통할 것임이 틀림없다.

3장
창조된 공간

우리가 평생 사용하는 언어로 이야기를 시작하자. 아무렇지 않게 사용하고 있는 말에도 잘 생각해보면 분명히 흥미로운 것이 포함되어있다.

예를 들면 '먼 과거', '가까운 미래'라는 말이 있다. 또한 '가까운 친척'이라 해도 가까이 사는 친척은 아니며, 혈연이 가깝다는 의미다. 심지어 '지식이 넓다'라든지, '도량이 좁다'라는 말이 있는가 하면, '큰 인물'이라든지 '소심한 사람'이라는 식으로 말을 하기도 한다.

'멀다' '가깝다' '넓다' '좁다' '크다' '작다'라는 형용사는 거리, 면적, 부피 등에 관한 것이며, 본래 공간적 성질을 가진 것이다. 그런데 위의 예에서는 그런 말들이 시간, 지식, 성격 등에 관한 형용사로 유용되고 있다. 이런 유용의 실례는 목적 의식적으로 세어본다면 얼마든지 발견될 것이 틀림없다.

이런 유용은 우연일까. 단지 우연이라고 생각하기에는 너무나 많이 만나는 실례이며, 또한 우리는 그것들을 부자연스럽게 여기지 않을 정도로까지 익숙해져 있다. 이것은 오히려, 우리 인간의 사고 속에 뿌리 깊은 공간화의 경향, 즉 시간 차나 어떤 성질의 정도의 차 등을, 일단 공간적인 척도로 바꾼 다음, 한층 명료하게, 한층 생생하게 눈앞에 떠올리려 하는 경향이 숨어있기 때문이 아닐까. 먼저 이것에 독자의 주의를 촉구한 다음, 해설해보겠다.

수학에서 데카르트가 이룩한 불후의 업적은 해석적인 수단, 쉽게 말하면 계산의 수단에 의해 도형이나 공간 등을 연구하는 길을 발견했다는 점이다. 도형을 보는 눈에 계산하는 손을 더한 것이다. 그때, 좌표라는 수단이 두 가지를 이어주는 통로가 된 셈이다. 즉 해석학이라는 태평양과 기하학이라는 대서양을 잇는 파나마운하 역할을, 데카르트의 좌표가 맡았던 셈이다.

하지만 이 운하는 당연히 일방통행은 아니었다. 그것은 눈에 손을 제공했을 뿐만 아니라, 계산하는 손에 보는 눈을 제공했다. 즉, 해석학을 기하학의 도형적인 직관으로 생각하는 길을 열었다. 그러므로 데카르트가 발명한 것은 해석기하학뿐만이 아니며, 그와 동시에 '기하해석학'도 태어났다고 말할 수 있다. 2원1차 연립방정식에는 한 쌍의 근이 있다는 해석학상의 사실은 두 직선이 한 점에서 교차한다는 기하학적인 사실로 뒷받침되면 한층 명료해진다는 것은 좌표를 배운 적이 있는 사람은 누구든지 경험했을 것이다. 천재의 업적이란 언제나 이처럼 생생하다.

이 공간화의 방향을 한층 대담하게, 철저하게 밀어붙인 것이 현대의 토폴로지라고 말할 수 있다. 토폴로지는 위상기하학이라고도 번역되는데, 이 번역은 여기서는 사용하지 않기로 한다.

왜냐하면 토폴로지가 연구하는 범위는 단순히 기하학적 도형뿐만 아니라, 그보다 훨씬 넓은 분야에 걸쳐 있기 때문이다. 토폴로지가 의도하는 지점은 훨씬 야심적이며, 아까 이야기한 공간화의 경향 일반을 이론화한 것이라고도 말할 수 있다.

여기서는 주로 토폴로지의 주된 과제인 위상공간에 관해서 이야기하기로 한다. 위상공간 이론은 주로 M. 프레셰Maurice René Fréchet(1878~1974)와 E. H. 무어Eliakim Hastings Moore(1862~1932)에 의해 만들어졌다.

여기서 다짜고짜 위상공간의 정의를 말할 수는 있지만, 이해를 기대하는 것은 거의 불가능하다. 그 이유는 위상공간의 정의가 복잡하기 때문이 아니다. 그러기는커녕 서너 줄로 쓸 수 있을 정도로 간단한 것이다. 대개, 우리는 간단하면 알기 쉽다고 생각하는 버릇이 있는데, 수학에서는 간단하므로 오히려 어려운 것이 종종 생긴다. 위상공간의 정의도 그런 한 가지 예다. 왜냐하면, 이런 간단함은 단순한 간단함이 아니라 복잡한 것에서 극도의 정련을 거쳐 얻어진 간단함이기 때문이다.

단숨에 그런 추상의 수준으로 비약하는 일은 포기하고, 끈기 있게 한 발 한 발 걸어 올라가기로 하자. 이 등산이 절대 쉽지는 않으리라는 것은 분명하지만, 일단 정상에 올라서면 멋진 전망이 펼쳐질 것은 약속할 수 있다. 위상공간은 현대수학이라는 산맥 속의 높은 봉우리 가운데 하나다. 등산을 하면서 현대수학의 방법을 얼추 배울 수 있을 것이다.

등산을 시작하기에 앞서 한마디 사족을 덧붙인다. 이제부터 이야기할 주제가 외견적으로는 너무나 추상적이기 때문에 이런 이론은 현실과 어떤 연결고리도 갖고 있지 않은 사고의 유희에 지나지 않는다, 하고 생각하는 사람이 많을 것이다. 하지만, 수학자에게 이런 이론의 건설을 강요한 것은 무엇이든 추상화해버리는 수학자들의 버릇이 아니라, 훨씬 현실적인 학문인 물리학이나 역할이었음을 강조해두고 싶다. 구체적인 것은 현실적이고, 추상적인 것은 비현실적이라는 연상은 상식적이기는 하지만 수학에서는 이 상식이 반드시 통하지는 않는다. 어떤 의미에서는 그 반대다.

과연, 공간이란 무엇일까. 여기서 철학자가 말하는 공간을 끄집어낼 생각은 없다. 다만, 현대의 수학자가 '공간'이라는 말에서 무엇을 의미하고 있는가, 또한 그런 사고는 어떻게 발전해왔는가에 관해 이야기하기로 한다. 아마도 아래 설명에서 독자 여러분은 '공간'이라는 말에서 상상되는 것과는 대단히 동떨어진 것을 맞닥뜨리고, 뜻밖이라는 느낌을 받을 것이 틀림없다. 또한 한편으로는 공간이라는 과제에 대해서는 그야말로 수많은 말을 준비하고 있을 것이 틀림없는 철학자들의 맹렬한 반대를 불러일으킬 것도 미리 각오해두자.

자, '공간'이라는 것 중에서 가장 간단하고 구체적인 것은 뭐라 해도 직선일 것이다.

직선은 무엇보다도 먼저 점의 집합이다. 집합론의 입장에서 보면 기수가 **c**인 무한집합이다. 그러나 집합론 입장에서는 그 이상의 아무것도 아니다. 이처럼 기수가 **c**인 집합은 그 밖에도 평면이나 입체가 있는데, 집합론은 그것들을 일절 구별하지 않는 입장이라는 것은 이미 이야기한 대로다. 따라서 평면이나 입체와 직선을 구별하는 일은 집합론의 틀 밖에서 요구해야 한다.

직선이라는 집합의 원소인 점들은 왼쪽에 있거나 오

른쪽에 있거나 하는 순서를 갖고 있으며, 또한 한 편으로 두 점끼리는 거리를 갖고 있다. 즉 직선은 집합론의 의미에서의 집합일 뿐만 아니라, 또한 거기에 더해 순서나 거리라는 상호관계가 있다. 이런 생각을 정밀하게 분석하는 것은 나중으로 미루고, 여기서는 막연한 '원근'이나 '순서'의 관계라고 해두자. 집합론에서 일단 모든 상호관계, 또는 사회성을 단절당한 집합이, 다시 순서나 거리라는 일종의 사회성을 가진 직선으로 부활한 것이다.

직선 다음은 평면이다. 직선이 좌우로 연장할 수 있는 것과 비교해 평면은 거기에 더해 앞뒤로 넓이를 갖고 있다. 이 사실을 막연한 단어에서 정밀한 수학 언어로 번역한 것이, 말할 것도 없이 데카르트의 좌표였다. 먼저 평면 위에 서로 직각으로 교차하는 직선 두 개를 긋는다. 이것이 평면 위의 임의의 점의 위치를 측정하는 기준이 되는 선이며, 이른바 좌표축이라고 불린다. 어떤 점의, 이 두 직선으로부터 수직거리 x, y가 그 점의 x좌표와 y좌표에 해당한다. 그러므로 한 사람이 성과 이름이라는 두 개의 표식이 있듯이, 하나의 점도 x좌표와 y좌표라는 표식 두 개를 지닌 것이다. 하나의 도서관 장서가 인덱스에 의해 분류되어있듯이, 평면 위의 점은 좌표라는 인덱

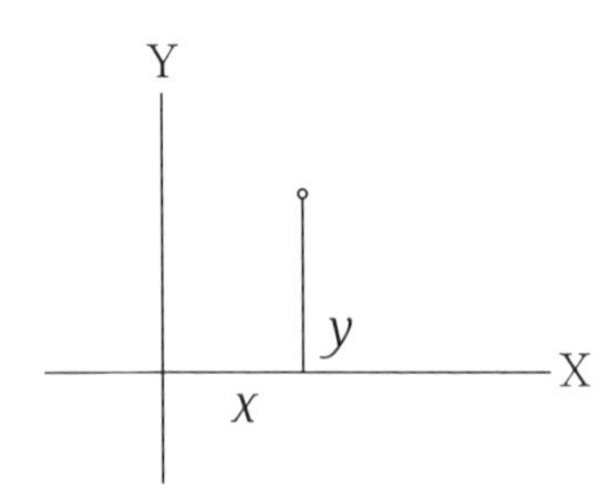

스에 의해 분류되어있는 것이다. 평면의 경우에는 이 인덱스로서 두 개의 수가 필요하다. 이것을 P=(*x*, *y*)로 나타내기로 한다.

평면 다음으로는 자연의 순서로서 3차원의 공간이 온다. 이것은 전후와 좌우 이외에 또 하나, 상하로 넓이를 갖고 있다. 이런 공간의 점을 측정하려면 상하로 뻗어있는 또 하나의 좌표축을 추가해야 한다. 이 축을 z로 나타낸다.

한 점을 나타내려면 세 개의 표식, 즉 좌표 세 개가 필요하다.

$$P=(x, y, z)$$

그러므로 3차원 공간의 점은 눈으로 볼 수 있을 뿐만

아니라, 세 개의 실수의 한 쌍으로 계산하는 손에 의해서도 파악될 수 있게 되었다. 말할 것도 없이 우리는 이 교묘한 연구를 데카르트에게 빚지고 있다.

1차원의 직선에서 출발한 우리의 추리의 발걸음은 3차원까지 왔다. 여기까지는 눈과 손이 한 팀을 이루어 진행되었다. 하지만 3차원부터 4차원, 5차원, ……으로 진행하려 하면 뛰어넘기 힘든 벽이 앞길을 가로막고 있다. 4차원 공간 같은 것을 어떻게 생각할 수 있을 것인가.

그렇지만 지칠 줄 모르는 인간의 지적인 도전은 3차원에서 주저앉기를 거부한다. 그럼 어떻게 이 절벽을 정복할까.

이른바 터널을 파는 것이다. 3차원을 넘어서면 열차가 터널 안으로 들어갔을 때처럼, 눈을 이용하는 것을 단념해야 한다. 하지만 손은?

손을 사용해보자. 3차원 공간의 점은 세 개의 실수 쌍이었는데, 여기서 네 개의 실수 쌍이라면 간단히 생각할 수 있을 것이다.

$$P=(x, y, z, w)$$

이처럼 네 개의 실수 쌍이라면 쉽게 생각할 수 있다. 이 한 쌍을 '점'이라고 부르기로 한다. 지금까지, 점이라면 길이도 폭도 두께도 갖지 않고 단지 위치만 있는 것으로서, 뾰족한 연필 끝으로 표시한 것을 떠올렸지만, 이제부터는 그런 생각에 작별을 고해야 한다. 그러므로, 특별히 따옴표를 붙여서 '점'이라고 쓰기로 하자.

터널 안에 들어감으로써 눈을 사용할 수 없게 되었으므로 오로지 손으로 더듬어서 '점' 즉 네 개의 실수 쌍의 성질을 조사해야 한다. 1차원부터 3차원까지의 공간에서 가장 중요한 역할을 했던 것은 거리였는데, 이 거리를 식으로 써보면 피타고라스의 정리에 따라

1차원에서는 두 점 $P=(x)$, $P'=(x')$의 거리는

$$PP'=|x-x'|=\sqrt{(x-x')^2}$$

2차원에서는 두 점 $P=(x, y)$, $P\ =(x', y')$의 거리는

$$PP'=\sqrt{(x-x')^2+(y-y')^2}$$

3차원에서는 두 점 $P=(x, y, z)$, $P'=(x', y', z')$의 거리는

$$PP' = \sqrt{(x-x')^2+(y-y')^2+(z-z')^2}$$

로 나타내왔다.

4차원 공간의 두 '점' $P=(x, y, z, w)$, $P'=(x', y', z', w')$의 '거리'를 정하려면 어떻게 하면 좋을까. 3차원까지의 거리의 식을 보면 누구라도 우선 식의 유사함에서

$$PP' = \sqrt{(x-x')^2+(y-y')^2+(z-z')^2+(w-w')^2}$$

라는 식을 첫 번째 후보로 제시할 것이다.

그러나, 이 첫 번째 후보가 과연 '거리'로서의 자격이 있는지 어떤지, 우선 엄격한 자격심사를 할 필요가 있다.

'거리'의 자격이란 무엇일까. 1차원부터 3차원까지의 거리는 예를 들면 다음과 같은 성질을 갖고 있었다. 두 점 P, P'의 거리 PP'는 수학자가 즐겨 쓰는 방식에 따라 $d(P, P')=PP'$로 쓰기로 하자.

이 함수는 어떤 성질을 가졌는지, 하나하나 써보자.

(1) 실수의 값만 취한다. 심지어 음수는 되지 않는다. 식으로 쓰면 $d(P, P') \geqq 0$.

(2) 두 점이 같은 점일 때 거리는 0, 반대로 거리가 0이

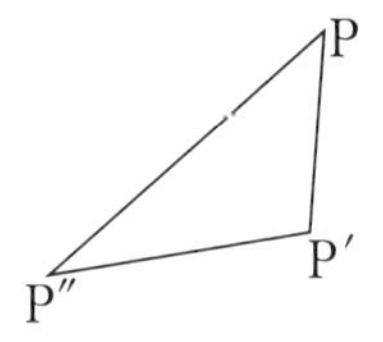

되는 두 점은 같은 점이다.

$$d(\mathrm{P}, \mathrm{P})=0\text{이며, 또한 } d(\mathrm{P}, \mathrm{P}')=0\text{일 때는 } \mathrm{P}=\mathrm{P}'$$

(3) P에서 P′까지의 거리와 P′에서 P까지의 거리는 같다. 식으로 쓰면

$$d(\mathrm{P}, \mathrm{P}')=d(\mathrm{P}', \mathrm{P})$$

(4) 삼각형 PP′P″의 두 변의 합은 다른 한 변보다 작지 않다.

$$d(\mathrm{P}, \mathrm{P}'')\leqq d(\mathrm{P}, \mathrm{P}')+d(\mathrm{P}', \mathrm{P}'')$$

그 밖에도 다양한 조건이 있지만 거리의 자격으로는 우선 이상의 네 개를 필요로 한다고 하자.

그러면 앞에서 후보로 제시한 4차원의 '거리'

$$d(\mathrm{P}, \mathrm{P}')=\sqrt{(x-x')^2+(y-y')^2+(z-z')^2+(w-w')^2}$$

은 과연 이 '거리'의 자격을 네 개 모두 갖고 있을까. 3차원까지는 눈으로 그것을 확인할 수 있었다. 그런데 4차원이 되면 눈은 사용할 수 없으므로, 오로지 식을 실마리로 하여 계산이라는 수단으로 확인할 수밖에 없다. 그런데, 운 좋게 네 개의 조건을 전부 만족하는 것이 계산으로 증명되었던 것이다[3].

여기에서 비로소

$$d(\mathrm{P}, \mathrm{P}')=\sqrt{(x-x')^2+(y-y')^2+(z-z')^2+(w-w')^2}$$

라는 식에서 인위적으로 정한 수가 '거리'로서 채용되어도 된다는 것을 알았다. 이것을 '거리'로 삼아 4차원의 세계를 연구해가기로 한다.

좌표를 하나 더 늘리면 5차원의 공간을 얻을 수 있음은 말할 것도 없다. 좌표의 수를 늘리는 것은 식의 세계에서는 아무것도 아니므로, 5보다 많은 n차원 공간까지 진행

하기는 쉽다. '거리'는 마찬가지로

$$d(\mathrm{P}, \mathrm{P}')=\sqrt{(x_1-x_1')^2+(x_2-x_2')^2+\cdots\cdots+(x_n-x_n')^2}$$

이라고 정하면 된다.

다음으로 4차원 이상의 공간을 생각하는 것은 단순한 사고의 유희 아닌가, 하는 의문이 분명히 생겨날 것이다. n개의 실수 쌍을 '점'으로 간주하여

$$\sqrt{(x_1-x_1')^2+(x_2-x_2')^2+\cdots\cdots+(x_n-x_n')^2}$$

을 '거리'로 생각한 세계는 그야말로 가공의 세계이자, 우화의 세계 아닌가.

하지만 그렇지는 않다. 공간의 차원에 3이라는 숙명적인 벽을 둔 것은 자연이었지만, 이 벽을 깨부술 것을 우리에게 강요한 것 또한 자연이었다고 말할 수 있다. 왜냐하면 n차원 공간은 최초에 순수수학이 아니라 고전역학에서 나타났기 때문이다.

3차원 공간 속에 하나의 질점(질량을 가진 점) P가 운동하고 있을 때, 어떤 순간에 그 질점 위치의 표식은 물론 세

개의 실수다. P=(x, y, z).

만약 두 개의 질점 P, Q가 운동하고 있을 때, 그 두 점의 쌍의 위치를 정하려면 P=(x, y, z), Q=(x', y', z')이므로 실수의 표식이 여섯 개가 필요해진다. 이런 사태에 직면하면 수학자는 대단히 특별한 태도를 취한다. 즉, 두 개의 점이 3차원 공간을 움직이고 있다고 생각하는 대신에, 한 개의 '점'(x, y, z, x', y', z')이 6차원 공간 속을 움직이고 있다고 생각하는 것이다. 이런 생각을 토대로 하여 고전역학을 체계화한 사람은 라그랑주Joseph Louis Lagrange(1736~1813)였다. 이렇게 되면 n차원 공간을 머릿속에서 가공의 세계라고 일축해버릴 수만은 없게 될 것이다.

n차원 공간이라는 생각이 생장해온 과정을 다시 한번 돌아보자.

3차원까지 한 팀을 이루어 진행해온 보는 눈과 계산하는 손은, 4차원에 이르러 계산하는 손만으로 진행하지 않을 수 없게 되었다. '거리'는 직관적인 의미를 잃고 단지

$$d(\mathrm{P}, \mathrm{P}') = \sqrt{(x_1 - x_1')^2 + \cdots\cdots + (x_n - x_n')^2}$$

이라는 식만이 실마리가 된다. 여기서 생각의 전환이 일어난다. 이런 유연한 전환은 아마도 초보자를 당황케 하고, 어떤 사람에게는 반감을 불러일으킬 것이다. 유연함과 지조 없음은 이웃한 관계이기 때문이다. 그렇지만 이 유연함 또는 지조 없음 속에 현대수학을 추진해가는 강력한 동력 하나가 숨어있다.

n차원 공간이라는 사고가 세워지는 과정에는 직관과 논리가 밀접하게 협력하고 있다는 점에 주의하자. 우리의 선천적인 육안은 3차원까지밖에 볼 수 없다. 거기서 육안은 일단 닫히고, 논리에 따라 계산하는 손이 작동하기 시작한다. 이리하여 우리는 고차원의 공간을 '보는' 것이 가능해진다. 고차원을 보는 것은 물론 육안이 아니다. 그러나 여기서도 육안은 완전히 닫히지 않았다. 우리가 갑자기 어둠 속으로 들어갔을 때, 처음에는 아무것도 보이지 않지만, 눈이 어둠에 익숙해짐에 따라 차츰 주위가 어렴풋이 보이게 되듯이, 고차원의 공간을 차츰 '보는' 것이 가능해질 것이다.

직관과 논리가 하는 역할을 설명하기 위해 다음 예를 끌어내기로 한다. 비행기의 파일럿은 처음에는 육안이나 귀를 사용하여 일단 날아오를 수 있게 되면, 그다음에는 계기 비행 훈련을 받아야 한다. 여기서는 눈과 귀는 모두 차단되고 오로지 계기에 의해 날아야 한다. 비행가의 계기에 해당하는 것은 우리의 경우, 그야말로 논리를 토대로 한 식과 수다.

시각장애인이라고 하면, 현대의 세계적 수학자 L. S. 폰트랴긴Lev Semyonovic Pontryagin(1908~1988)을 떠올리지 않을 수 없다. 열세 살에 폰트랴긴은 어떤 폭발 사고로 두 눈을 모두 잃고 영원한 어둠의 세계로 떨어졌다. 시각장애를 지닌 소년이 어떻게 세계적 수학자가 될 수 있었을까, 그야말로 하나의 기적이라고 하지 않을 수 없다.

그러기 위해서는 장애인에게까지 빈틈없는 보호의 손길을 뻗은 사회적 환경이 전제가 되는 것은 물론이지만, 그의 경우에는 거기에 더해 모친의 깊은 애정이 숨어있었다. 그의 모친은 변변한 교양도 갖추지 못한 일개 재봉사에 지나지 않았지만, 시각장애인이 된 사랑하는 아들을 매일 학교에 데려가고 모든 교과서와 자료를 읽어주었다. 마침내 그는 세계적인 토폴로지스트인 알렉산드로프Pavel Sergeevich Aleksandrov(1896~1982)를 우두머리로 하는 학파에 참여해 이내 두각을 나타냈고, 스물네 살에 모스크바대학 교수가 되었다.

폰트랴긴은 수많은 업적이 있지만, 그의 이름을 알린 '쌍대정리雙對定理'가 가장 유명한데, 그의 논문을 읽은 사람은 그 공간적 직관력의 심오함과 날카로움에 경탄을 금치 못할 것이다. 그리고 3차원보다 높은 고차원 공간의 도형이 마치 평면도형처럼 쉽게 다루어지고 있는 장면을 종종 마주치게 될 것임이 틀림없다.

'시각장애인 기하학자'라는 말은 분명 '외다리 마라톤 선수'나 '언어장애인 성악가'와 같은 모순적인 뉘앙스를 갖고 있다. 하지만 폰트랴긴의 경우, 눈을 잃었다는 것이 오히려 좀 더 고도의 공간적 직관력의 발달을 촉진한 것 아닐까. 더욱이 이처럼 논리로 단련된 고도의 직관이야말로 수학이 필요로 하는 것이다. 많은 경험은 언어장애인의 공간 감각이 종종 정상인의 그것을 뛰어넘는다는 것을 가르쳐주는데, 폰트랴긴이 시력을 잃은 것은 아마도 베토벤의 청력 상실과 더불어 심리학자에게 흥미로운 과제를 제시할 것이다.

자, n차원에서 무한차원에 이르는 길은 평범하다. '점'을 정하려면 무한(가산)개의 좌표 $P=(x_1, x_2, \cdots\cdots, x_n, \cdots\cdots)$이 필요하다. '점' $P'=(x_1', x_2', \cdots\cdots, x_n'\cdots\cdots)$와의 '거리'는

$$d(\mathrm{P}, \mathrm{P}') = \sqrt{(x_1 - x_1')^2 + (x_2 - x_2')^2 + \cdots\cdots + (x_n - x_n')^2 + \cdots\cdots}$$

로 써서 나타낼 수 있다. 그러나 이 경우는 지금까지와 같이 좌표가 임의의 수가 아니라

$$x_1^2 + x_2^2 + \cdots\cdots + x_n^2 + \cdots\cdots$$

가 유한해진다는 조건이 붙는다. 이렇게 하여 정한 '거리'가 거리의 네 가지 조건을 만족하는 것은 역시 계산으로 제시할 수 있다.

양자역학의 기초가 되는 힐베르트 공간은 이처럼 무한차원의 공간 가운데 하나이며, 예를 들어 전자의 상태는 그 공간의 '점'으로 표시된다.

1차원의 직선에서 출발한 우리의 발걸음은 3차원에서 4차원, ……n차원으로 나아가 무한차원의 공간까지 이르렀다. 이들 공간은 차원이 다름에도 불구하고 모두 네 개의 조건에 적합한 '거리'를 갖고 있었다. 이 네 개의 조건을 만족하는 거리를 가진 공간을, 차원에 상관없이 모두 거리공간이라고 부르기로 하자.

거리공간의 정의를 미리 정리해본다.

(1) 그것은 '점'이라고 부르는 어떤 원소의 집합이다.

(2) 그 집합의 임의의 두 원소, 즉 두 '점' P, P′에 대해 음수가 되지 않는 실수 d(P, P′)가 정해져 있다.

(3) d(P, P)=0, 또한 반대로 d(P, P′)=0이라면 반드시 P=P′

(4) d(P, P′)=d(P′, P).

(5) d(P, P″)≦d(P, P′)+d(P, P″).

이런 거리공간 속에는 실로 넓은 '공간'이 포함되어있음을 나타나기 위해 두세 가지 실례를 들어보자.

평면 위의 모든 원의 집합을 R이라고 한다. 이 집합의 기수는 c이다. 이런 집합에 '거리'를 잘 정의해보자. 두 '점', 즉 여기서는 두 원의 '거리'를 다음과 같이 정한다. 두 원의 위치에는 다음 세 종류가 있는데, 어떤 경우도, 엇갈리는 부분의 면적(빗금 친 부분)을 두 원, 즉 두 '점'의 '거리'라고 한다.

이렇게 해서 정한 '거리' d(P, P′)가 앞에서 말한 거리의 조건을 모두 만족한다는 것은, 독자 여러분의 가벼운 연습을 위해 일부러 증명하지 않고 남겨둔다. 이렇게 하여 '거리'를 정의한 거리공간 R의 '점'이란, 흔히 하는 말로는

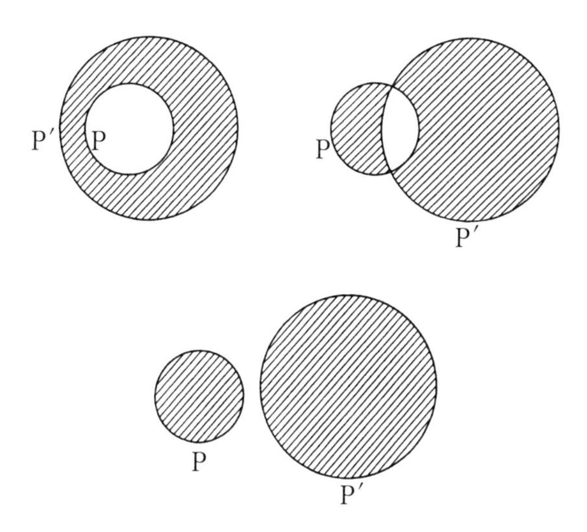

원이다.

다음으로 함수가 '점'이 되어있는 공간, 즉 함수공간을 들어본다.

0과 1 사이의 구간에서 연속한 함수

$$y = f(x)$$

의 전체 집합을 R이라고 한다. 이 공간의 '점' 또한 사실은 함수다. 이런 두 '점', 즉 두 개의 함수의 '거리'를 어떻게 정하면 좋을까.

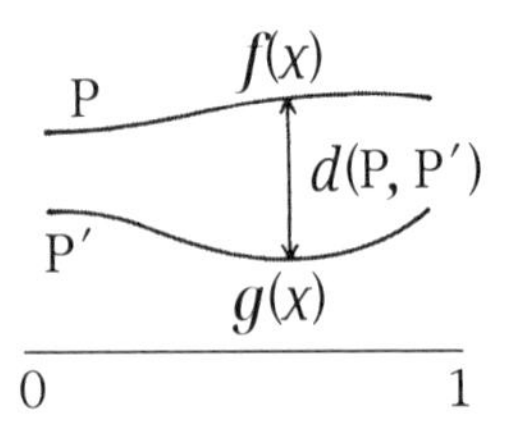

그러기 위해 함수를 그래프로 그려본다.

두 개의 '점' P, P′, 또는 두 개의 함수 $f(x)$, $g(x)$의 '거리'로서 두 개의 함수를 그래프로 그렸을 때, 같은 x에 대한 함숫값의 차이가 가장 큰 것을 취하기로 한다.

이런 '거리'가 4조건을 모두 만족하는 것은 일일이 계산하면 확인할 수 있다.

이렇게 함수를 '점'으로 하는 공간을 함수공간이라고 하는데, 이런 생각은 프레셰에 의해 창시되고, 나중에 폴란드의 바나흐Stefan Banach(1892~1945)가 이것을 현저하게 발달시켰다. 그의 이름을 딴 바나흐 공간은 해석학에 기하학적 직관을 끌어들인 것이며, 현대해석학에서는 빼뜨릴 수 없는 무기가 되었다.

함수의 비밀을 찾는 것을 주요한 임무의 하나로 삼고 있는 현대의 해석학자는, 예전처럼 함수 즉 그래프라는 데카르트의 방식에 반드시 충실하지는 않다. 어떤 의미에서는 그는 상당히 변덕스럽다. 그는 함수를 어떤 공간의 '점'으로 생각하기도 한다. 이 순간, 그는 기하학자로 변신한 셈이 된다. 이런 유연한 변신이야말로 '수학적 자유'의 한 가지 표현이라고 할 수 있다.

여기서 우리는 현대의 저명한 기하학자, 베블런Oswald Veblen(1880~1960)과 화이트헤드(1904~1960)의 말을 떠올린다.

그들은 기하학의 정의를 언급할 때, 다음과 같은 탄성을 지르고 있다.

"기하학의 어떤 객관적 정의도, 아마도 수학 전체를 포함해버릴 것이다."

이 탄성―아마도 기쁨의 탄성―은 해석학에도, 또한 대수학에도 해당될 것이 틀림없다. 수학 전체를 포함해버리지 않는 해석학이나 대수학의 정의를 생각해내는 것도, 역시 불가능할 것이다.

'자네는 대수학자인가, 기하학자인가, 아니면 해석학자인가'라는 질문을 받았을 때, 현대의 수학자는 아마도 한참 망설인 끝에 '저는 수학자입니다'라고 답할 것이다.

수학의 세계에서는, 고맙게도 현실의 세계에 비해 '하나의 세계'가 훨씬 가까이에 있으며, 그중에 넘기 힘든 부문 사이의 벽은 없다고 보아도 된다.

분명히, 현대의 수학이 '하나의 수학'을 지향하며 움직이고 있다는 것은 누구도 부정할 수 없을 것이다. 낡은 벽은 모든 곳에서 제거되었고, 한곳에서 일어난 새로운 발견은 단시일 내에 모든 수학에 파급되지 않을 수 없다.

하지만 수학자가 '모든 수학이 하나가 되었다'라고 현재완료형으로 외칠 수 있는 날은 영원히 오지 않을 것이다. 만약, 혹시나 그런 일이 와서 '찰라(순간)'를 향해 '멈추라, 그대는 너무나 아름다우니'라고 외친 파우스트처럼, 수학자가 '하나의 수학'을 축복한 순간, 그는 역시 파우스트처럼 무덤으로 옮겨져 사라지게 될 것이다. 왜냐하면 '하나의 수학'을 지향하여 나아가는 수학자의 앞에는 그의 손에 넘쳐나는 새로운 형태의 문제가 차례차례 다른 자매 과학에서 흘러들어올 것이 틀림없기 때문이다.

만약에 과학자가 다른 자매 과학의 발전에 눈감고 물리학, 화학, 천문학, 통계학 등이 제공하는 새로운 형태의 문제와 씨름하는 것을 회피하게 된다면, 수학이라는 과학은 성장을 멈추고 결국 사멸하지 않을 수 없을 것이다.

다시 이야기를 토폴로지로 돌리자. 원이 '점'이 되거나 함수가 '점'이 되는 것을 보면, 분명히 어떤 사람은 수학자의 유연함에 경탄하고, 어떤 사람은 수학자의 지조 없음에 화가 날 것이다. '함수 즉 그래프'라고 이해했는데, 함수를 '점'으로 보는 것은 무례하지 않은가.

분명히 현대수학 중에서 '점'이라는 말만큼 다종다양한 의미를 짊어지고 있는 말은 달리 찾아볼 수 없을 것이다. '점'과 같은 정도로 많은 의미를 가진 말을 굳이 찾아내자면 그것은 예전의 '신神'이라는 말 정도일 것이다. '점'은 기하학자에게는 당연한 점을, 해석학자에게는 함수를, 확률론자에게는 '사건'을, 원자물리학자에게는 '전자의 상태'를 의미하고 있다.

하지만 이런 비난을 예상하여 '점'이라고 일부러 따옴표를 붙여두었으므로, 그 비난으로부터는 일단 몸을 피할 수 있을 것이다. '점'이란 여기서는 '더는 부분으로 나눌 수 없는 어떤 것', 그만큼의 의미라는 것에 주의해야 한다.

"점이란 부분을 갖지 않고, 또한 크기를 갖지 않는 것이다"라는 것은 유클리드의 정의인데, 그때 그가 염두에 둔 것은 역시 작고 까만 점이었을 것이다. 이처럼 '점'에 멋진 정의를 부여한 유클리드도, 그의 정의가 2천 년 후에 이 정도로까지 확장되어 이용될 줄은 꿈에도 몰랐을 것이다.

하지만, 이런 거리공간은 분명 교묘하기도 하고 유용하기도 하지만, 그것은 현실에는 실재하지 않는 가공의 세계가 아닌가, 하는 의문이 모든 사람의 머릿속에 떠오를 것이 틀림없다. 『이솝 우화』는 모두 깊은 의미를 지니며 교훈적이기도 하지만, 여우가 이야기하거나 양이 말을 하는 점에서는 역시 가공의 이야기에 지나지 않듯이, 거리공간 역시 이야기에 지나지 않는 것 아닐까.

마치 책상이나 연필이 있는 그대로 실재하듯이, 이런 공간이 실재한다고 주장할 용기를 가진 인간은 아마 없을 것이다. 그것은 '존재하는 공간'이 아니라 '창조된 공간' 아닐까. 그러나 수학자는 그것이 완전히 가공의 이야기라고 단정된다면, 역시 불복을 외칠 것이 틀림없다.

한 가지 비유에 도움을 청해보자. 인조고무는 현재는 확실히 실재한다. 그러나 그것은 천연고무가 있는 그대로 실재하는 것처럼은 실재하지는 않았다. 그것은 화학자의 고도의 인공적인 조작이 더해져서 비로소 실재하게 된 것이다.

수학자가 고도의 인공적인 조작, 즉 논리적인 조작을 더해 만들어낸 '거리공간'은, 인조고무와 같은 권리를 갖고 그 실재를 주장하면 안 되는 것일까. 우리가 사는 3차원 공간이 '천연공간'이라고 한다면, 일반적인 거리공간은 '인조공간'이라고 불러도 지장은 없다.

그건 그렇다 해도, 수학과 우화나 만화 사이에 어느 정도의 유사성을 부정할 수는 없을 것이다. 우화작가나 만화가가 즐겨 사용하는 대담하기 짝이 없는 추상은 수학자의 방식과 현저한 유사성을 갖고 있다고 말할 수 있다. 어떤 의미에서는 현대수학을 가장 잘 이해해주는 것은 의외로 우화작가나 만화가일지도 모른다.

자, 우리는 '거리'라는 수단에 의해 대단히 넓은 의미의 거리공간에 이르렀다. 하지만, 이제 거리라는 생각에 작별을 고해야 할 지점에 왔다. 왜냐하면, 이제부터 앞으로 나아가는 데 '거리'는 무용지물일 뿐만 아니라 장애물이 되어버리기 때문이다.

이 사정을 이해하기 위해서는 우리는 토폴로지라는 학문의 본래의 특징으로 되돌아가보아야 한다.

이번 세기에 들어서 눈부신 발전을 이룩한 토폴로지의 여러 결과를 집대성한 견해가 들어있는 알렉산드로프, 홉의 공저 『토폴로지 제1권』은 책머리에서 토폴로지를 이렇게 규정하고 있다.

"토폴로지는 연속성의 기하학이다."

이 말의 의미를 이해하려면 상당히 긴 소개말이 필요하지만, 여기서는 약간 역사적인 회고를 해보기로 하자.

19세기 후반에서 20세기 초에 걸쳐서 수학의 거의 모든 부문에 연구의 손을 대서 각각의 부문에서 불후의 업적을 남긴 이는 앙리 푸앵카레였다. 특히 토폴로지에서 그의 업적은 두드러진 점이 있다. 그는 『공간은 왜 3차원을 갖는가?』(만년의 사상)라는 통속적인 저서를 남겼는데, 거기에서 '연속성의 기하학'이라는 것의 의미를 설명하고 있다.

평면 위에 고무로 만들어진 원 한 개가 있다고 하자. 이 원을 연속적으로 변화시켜가면 타원이 되거나 정사각형이 되거나 유연하게 변화한다.

그 변화는 대단히 자유로워서 연체동물의 운동과 비슷하다. 하지만 그런데도 거기에는 일정한 한도는 있다고 하자. 즉, 어떻게 변화해도, 이 고무줄이 잘록해져서, 예를 들면 8자가 되는 것은 허용되지 않는 것으로 하자.

이런 연체동물 같은 변화를 받으면 거의 모든 성질은 길이도, 구부러지는 상태도, 모두 흔적 없이 바뀌어버린다. 하지만, 과연 '모든' 성질이 변할까. 이런 변화를 견디고 남는 성질은 하나도 없을까. 분명히 그것은 많지는 않겠지만, 하나도 없을 리는 없다. 예를 들면 '그 줄이 평면을 내부와 외부로 이분한다'라는 성질은 원이든 타원이든 정사각형이든 같으며, 이 성질은 모든 연체동물 같은 변화를 견디고 살아남은 것을 알 수 있다.

자, 우리가 연체동물 같다는 막연한 말로 형용한 변화를 좀 더 정확한 수학적 언어로 바꿔서 말해보자.

고무줄이 원에서 타원으로 변화할 때, 먼저 다음과 같은 것을 알 수 있다.

(1) 원 위의 한 점은 반드시 타원 위의 어떤 한 점으로 이동한다. 또한 타원 위의 한 점은 원 위의 한 점에서 이동한 것이다. 이것은 칸토어가 말한 의미의 일대일대응이 틀림없다.

(2) 원 위의 대단히 가까운 두 점은 타원 위에서도 대단히 가까운 두 점으로 이동한다. 이것은 수학자가 익숙하게 사용하는 언어에 따르면 '연속적'이라는 것이다. 또한, 반대로 타원 위의 대단히 가까운 두 점도 원 위의 대단히 가까운 두 점에 대응하고 있다. 즉 이 대응은 원과 타원 양쪽에서 연속이다.

제1조건은 집합론의 입장인데, 제2조건은 집합론과는 다른 것이며, 새로운 조건이다. 그것은 '멀다, 가깝다'의

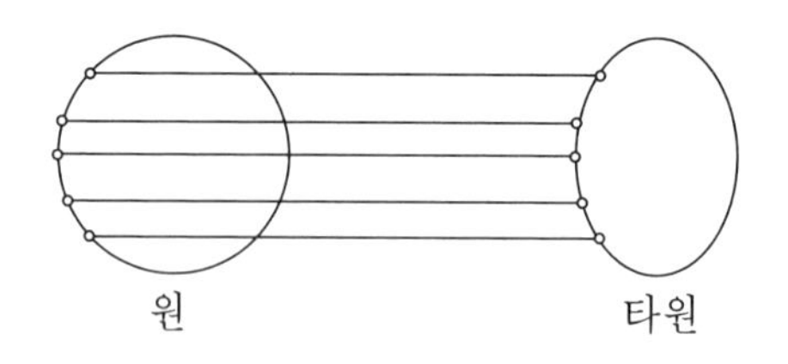

관계를 존중하는 것이라고 말할 수 있다. 이 제2의 조건이 바로 토폴로지의 입장이며 제1, 제2의 조건을 만족하는 대응, 또는 사상을 토폴로지적인 사상이라고 하기로 하자.

이 토폴로지적 사상에 의해 변하지 않는 점의 집합이나 도형의 모든 성질을 연구하는 것이 토폴로지의 임무다. 여기서 비로소 앞에 나온 "토폴로지는 연속성의 기하학이다"라는 말의 의미가 명백해진다.

이미 제1장에서, 칸토어의 일대일대응이 점집합의 차원까지도 파괴해버린다는 것을 알았지만, 제2의 연속성의 조건을 덧붙였을 때 차원은 어떻게 될까. 네덜란드의 수학자 브라우어르Luitzen Egbertus Jan Brouwer(1881~1966)는, 토폴로지적 사상에 의해 차원은 변치 않는다는 것을 최초로 증명했다. 따라서 차원이라는 생각은 집합론이라는 학문의 바깥에 있지만, 토폴로지라는 학문의 연구범위에는 들어온다.

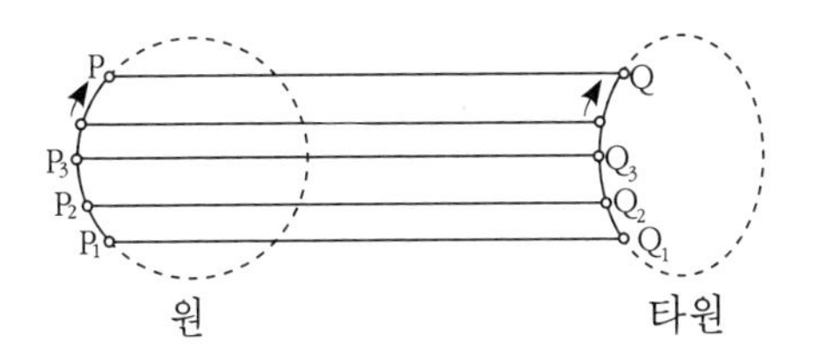

원 위의 한 점 P와, 그것에 대응하는 타원 위의 한 점 Q가 있을 때, 이 두 점 근처에서의 대응 상태를 그림으로 나타내보자.

원 위에서 점 P를 향해서 차츰 가까워지는 점의 열

$$P_1, P_2, P_3, P_4, \cdots\cdots, P_n, \cdots\cdots \to P$$

를 생각하면, 그것에 대응하는 타원 위에도 상像의 점 열

$$Q_1, Q_2, Q_3, \cdots\cdots, Q_n, \cdots\cdots$$

이 생기는데, 이 상의 점 열도 P의 상 Q에 한없이 가까워지는 것을 알 수 있다. 그러나 이 경우, 가까워진다고 해도 원상原象의 거리와 상의 거리가 반드시 같다고는 할 수 없다.

이 사실을 토대로 하여 생각해가자. 원 위의 점집합을

M이라고 하면 그 기수는 확실히 $\mathfrak{c}$이지만 M의 모든 부분집합의 집합 $\mathfrak{M}$은 $\mathfrak{c}$보다 큰 기수를 갖는다는 것은 칸토어가 증명한 그대로다. 여기서, $\mathfrak{M}$ 속에서 특별한 성질을 가진 부분집합을 뽑아내 본다.

위의 예에서 중요한 역할을 하는 절차는 '극한을 취한다'라는 절차임을 깨닫는다.

$$P_1, P_2, P_3, \cdots\cdots, P_n, \cdots\cdots$$

이라는 점의 열의 극한의 점은 P이다. 지금 만약 M의 부분집합 N에서, 점열과 극한의 점 P를 합친 것

$$N=\{P_1, P_2, \cdots\cdots, P_n, \cdots\cdots, P\}$$

를 생각하면, 이 N에 속하는 점열의 극한을 어떻게 취해도 그 극한의 점은 N에 포함되어있다. 이처럼 '극한을 취한다'는 절차에 대해 닫혀있는 부분집합을 '닫힌집합'이라고 한다. '닫혀있다'라는 말은 현대수학의 모든 부문에서 얼굴을 내미는데, 이것은 어떤 연산이 어떤 집합의 범위 내에서 자유롭게 행해지고, 바깥에서 새로운 원소를

빌려올 필요가 없는 경우에 이용된다. 이른바 어떤 연산에 대해 자급자족이 가능한 경우다. 예를 들면 자연수 전체의 집합은 그 안에서 정의된 덧셈이라는 연산에 대해서는 닫혀있다, 즉 임의의 자연수를 더해도 자연수의 합을 얻을 수 있으므로 자연수 이외의 수는 필요하지 않다. 한편, 뺄셈에 대해서는 닫혀있지 않다. 그러므로 새로운 음수가 필요하다.

하지만 N에서 P를 뺀 부분집합 $N^*=\{P_1, P_2, P_3, \cdots\cdots\}$는 더는 닫힌집합이 아니다.

그러므로 M의 모든 부분집합의 집합 $\mathfrak{M}$은 닫힌집합과 그렇지 않은 집합의 두 종류로 크게 나뉘게 되었다.

그러면 원 위의 점의 열 $P_1, P_2, P_3, \cdots\cdots$와 극한 P를 합친 부분집합 N은 닫힌집합이지만, 그것의 상 $Q_1, Q_2, Q_3, \cdots\cdots$, Q로 이루어진 타원의 부분집합 N'도 또한 닫힌집합이다.

또한, N'가 닫힌집합이라면 $Q_1, Q_2, Q_3, \cdots\cdots$의 극한은 Q가 된다는 것도 말할 것도 없다.

이상을 요약하면, 다음과 같다. 원에서 타원으로 일대일로 쌍방에서 연속하는 사상, 즉 토폴로지적 사상에서는 부분집합이 닫힌집합이냐 아니냐의 구별은 변치 않는다. 그러므로 '부분집합이 닫힌집합인가 아닌가'라는 구별은 토폴로지적 사상에 의해 변하지 않는 성질이다.

하지만 '닫힌집합이냐 아니냐'의 구별을 만든 원인의 토대를 규명하자 거기에는 거리라는 개념이 있었다. 그러나 여기서는 출발점과 도착점을 반대로 하여, 도착점에서 달리기 시작해서 출발점을 향해보지 않겠는가. 즉 '닫힌집합이냐 아니냐의 구별'에서 출발하면 어떻게 될까.

집합 M의 부분집합에 대한 '닫혀있는가 아닌가'의 구별을 실마리로 삼아 M의 토폴로지적 성질을 완전히 정할 수 있는 것이다. 이 정의는 거리라는 것을 전혀 표면에 내세우지 않는 것에 특징이 있다. 이미 잘 알게 되었듯이, 거리는 토폴로지적 사상, 이른바 연체동물적인 변형에 의해 완전히 변해버리는 것이며, 이렇게 변해버리는 것은 토대로 하여 토폴로지라는 학문을 쌓아올린 것은 잘못은 아니더라도 결코 유리한 계책은 아니다.

거기서 우리는 '닫혀있는가 아닌가'의 구별을 토폴로지의 출발점으로 삼자. 이렇게 해서 나타난 것이 위상공간이라고 불리는 것이다.

위상공간을 자세히 설명하기 전에, 우리가 지나온 길을 다시 한번 돌이켜보자.

처음에 우리의 출발점은 거리였다. 거리라는 생각에 이끌려 마침내 닫힌집합이라는 새로운 생각에 도달했다. 그리고 이번에는 다시 닫힌집합이라는 생각에서 재출발하려 하고 있다. 이젠 거리라는 생각은 뒷전으로 물러나고, 주인공이 바뀐 것이다. 이리하여 닫힌집합을 토대로 하여 공간의 연구를 진행하여, 다시 거리공간과 같은 것이 얻어진다면, 주인공을 교체한 효과는 별로 없을 터이다. 그런데, 사실은 그렇지 않고, 닫힌집합을 토대로 한 위상공간은 최초의 출발점이 된 거리공간보다 훨씬 넓은 것임을 알게 된다.

이처럼 주인공이 자주 바뀌는 점이 현대수학 방법의 특징이며, 또한 그런 방식이 초보자들을 당황하게 만드는 주된 원인일지도 모른다. 외국어를 배울 때 악센트를 무시할 수 없듯이, 수학에서도 주인공이 되는 생각에 주의를 게을리할 수는 없다. 심지어 이 생각의 악센트는 언제나 이동하고 있으므로 훨씬 번거롭다.

거리에서 출발하여 일단 닫힌집합에 도달하고, 다시 닫힌집합에서 반대로 걷기 시작하여 출발점인 거리보다 높은 지점으로 올라간다는 우리의 방법은 열차가 가파른 경사를 올라갈 때 이용되는 스위치백을 떠오르게 할지도

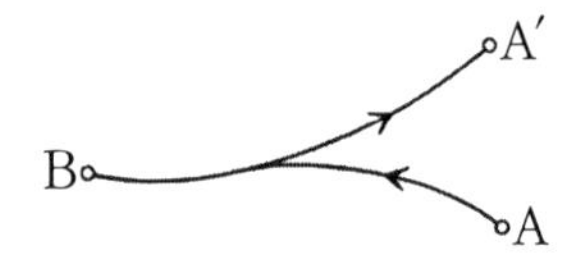

모르겠다.

A점에서 B점에 이르고, 이번에는 B점에서 반전하여 A 방향으로 되돌아온다. 그러나, 같은 A로 돌아오는 것이 아니라 A보다 높은 A′라는 지점에 이른다.

이런 추리의 스위치백은 수학자의 상투 수단이며, 통상은 'A는 B가 된다'는 명제를 역전하여 'B는 A가 된다'라는 명제로 옮아가는 형식을 취하는 일이 많다. 제2의 명제에서 A라는 명칭은 원래의 A와 같지만, 내용은 훨씬 풍부해져 있는 경우가 많다. 19세기에 가장 유능하고 가장 활동적이었던 수학자 야코비Karl Gustav Jacobi(1804~1851)는 "언제나 역전시키라"라고 가르치고 있을 정도다.

이런 논리적인 스위치백에 의해 얻어진 위상공간은 거리공간도 그 안에 포함하지만, 심지어 그 이외의 종류의 공간도 포함하게 된다.

이어서 위상공간의 본격적인 정의를 알아보자. 우선 먼저 집합 M이 있다. 이 M은 집합론의 의미에서의 집합이며, 그 각 원소 즉 '점' 사이에는 아직 어떤 상호관계도 정해져 있지 않다. 이른바 M에는 태초의 혼돈이 지배하고 있다. M에서 그 모든 부분집합의 집합 $\mathfrak{M}$을 만들 수는 있어도, $\mathfrak{M}$의 원소 즉, M의 부분집합 중에 어떤 것이 닫힌집합이고, 어떤 것이 닫힌집합이 아닌지를 구별하는 실마리는 하나도 없다.

여기서 $\mathfrak{M}$ 안에서 '닫힌집합'과 그렇지 않은 것을 구별하는데, 그것을 정하는 방법은 완전히 임의는 아니다. 최소한 어느 정도의 조건을 가져야 하는지 조사해보자. 그러기 위해 가장 간단한 선분 위의 점집합에 대해서 시도해본다.

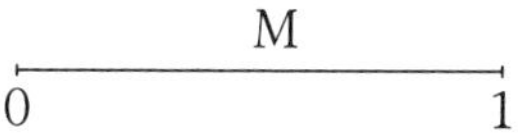

M

0 1

(1) 선분 M의 부분집합 중에서 M 자신은 또한 분명히 닫힌집합이다. 왜냐하면 어떻게 극한을 취해도 M 속에 들어있기 때문이다.

(2) 공집합은 닫힌집합이다.

(3) 다음으로 두 개의 닫힌집합 A, B를 합한 집합 A+B

는 또한 닫힌집합이다. 왜냐하면 A+B에 속하는 점 P_1, P_2, P_3, ……가 점 P에 가까워질 때, 이 무한의 점의 열 중에서 A나 B에 속하는 무한개의 부분적인 열이 반드시 있다.

이 부분 열 P_1', P_2', ……가 A에 속한다고 하면, 그 극한 P는 A가 닫힌집합이므로, A에 속한다. A에 속하면 A+B에 속하는 것은 말할 것도 없다. B에 속한다 해도 마찬가지다. 그러므로 A+B는 닫힌집합이다.

(4) A, B, C, ……가 모두 닫힌집합이라면 그 공통부분 N은 또한 닫힌집합이다. 어떤 극한 P에 가까워지는 점의 열 P_1, P_2, P_3, ……가 N에 속하면 A, B, ……의 어디에도 속한다. A에 대해서 생각하면, A는 닫힌집합이므로 P는 A에 속한다. 완전히 똑같은 것을 B에도 말할 수 있으므로 P는 또한 B에 속한다. 이렇게 하여 C, ……에도 모두 속한다. 그러므로 그 공통부분 N에 속한다는 것은 당연하다. 즉 N은 또한 닫힌집합이 된다.

이만큼의 (1), (2), (3), (4)의 조건을 닫힌집합이라는 것이 만족해야 하는 최소한의 조건이라고 하자.

거기서 위상공간 정의로서 다음과 같은 것을 채용하자.

(1) M은 '점'이라고 부르는 원소의 집합이며, M의 부분집합은 모두 '닫힌집합'인지 아닌지가 지정되어있다.

(2) M 자신 및 공집합은 닫힌집합으로 지정되어있다.

(3) 두 개의 닫힌집합의 합집합은 닫힌집합이다.

(4) 유한 또한 무한개의 닫힌집합의 공통부분은 또한 닫힌집합이다.

이런 집합 M을 위상공간이라고 한다. 따라서, 위상공간이란 집합론의 의미의 집합 M에 더해 부분집합에 닫힌집합이 지정된 것이다, 집합 M에 닫힌집합이 지정되면 M에 원근의 개념이 들어간다. 이것은 위상화라고 한다. 같은 집합에도 위상화 방법은 무수하게 있다는 것은 말할 것도 없다.

하지만, 집합이 같고 위상화의 방법에 차이가 있듯이, 집합이 다르고 위상화의 방법이 같은 것이 있는 것도 당연할 것이다. 대수에서는 두 개의 군이 동형이라는 것은 결합을 그대로 유지하는 일대일 사상이 있다는 것이었는데, 토폴로지에서는 위상 즉, 닫힌집합의 지정을 바꾸지 않는 일대일 사상이 있다는 것이 틀림없다.

두 개의 위상공간 M, M′가 있고, 둘 사이에 M, M′의 닫힌집합끼리 대응하고 있는 일대일대응이 있을 때, M과 M′는 동형이라고 한다.

이 정의에는 거리라는 토폴로지에 있어서는 외래적인

개념은 나타나 있지 않은 것에 주의하자.

M과 M′가 동형까지는 아니더라도, 약간 완만한 사상이 가능한 경우에 관해서 이야기해둔다. M의 점에서 M′의 점까지의 사상이 있고, 이것은 반드시 일대일이 아니라 다대일이라 해도 되는 것이라고 하자. 이것은 M의 점은 반드시 M′의 한 점에만 베껴지는 경우다. 이때 사상이 연속적이라는 것은 과연 어떤 의미일까. 보통의 경우, M 속의 부분집합 A 중에서 한 점 A에 수렴하는 점의 열

$$a_1, a_2, a_3, \cdots\cdots, a_n, \cdots\cdots \to a$$

가 있고, φ라는 사상으로 이들 점이 M′중의

$$\varphi(a_1), \varphi(a_2), \varphi(a_3), \cdots\cdots \varphi(a)$$

라는 점으로 베껴진 것이라고 하자. 여기서, φ가 연속이라는 것은, 점열 $\varphi(a_n)$, ……이 또한, $\varphi(a)$에 수렴하는 것이다. 그러므로 M′가 있는 집합 A가 닫힌집합이라면 $\varphi(a_n)$과 함께 $\varphi(a)$가 A 중에 반드시 들어있을 터이다. 그때 φ에서 a로 베껴지는 M의 점 전체를 A의 원상原像

이라고 하며, $\varphi^{-1}(A)$로 나타내면, $\varphi^{-1}(A)$는 $a_1, a_2, a_3, \cdots\cdots$ 와 함께 a를 포함하고 있다. 즉 닫힌집합이다.

만약 M에서 M′로의 연속사상이 있다면 M′의 닫힌집합의 원상은 언제나 다시 닫힌집합이 되는 것이다. 이것은 또한 연속사상의 정의도 된다.

다음으로 다양한 위상공간의 예를 들어보자. 먼저 상식적으로는 공간이라는 이름이 거의 해당되지 않을 것 같은 '위상공간'의 기발한 실례를 처음에 제시해본다.

앞 장에서 이용했던 요리토모 가계도를 다시 한번 끌어오기로 한다.

우리의 '점'은 개개의 사람이며, 이 다섯 개의 '점'이 모여서 문제의 위상공간을 구성하고 있는 셈이다. 이 다섯 개의 '점'의 집합을 M으로 나타내면,

M={요시토모, 요리토모, 마사코, 요리이에, 사네토모}

라고 쓸 수 있다.

이때 M의 모든 부분집합의 집합 $\mathfrak{M}$을 만들면, 공집합

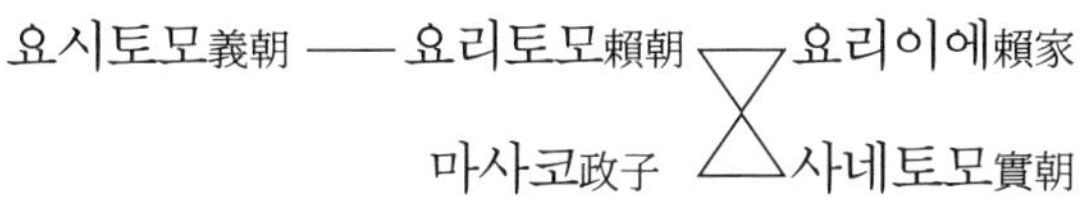

요시토모義朝 —— 요리토모賴朝 ╲╱ 요리이에賴家
마사코政子 ╱╲ 사네토모實朝

까지 포함하여 $2^5=32$로, 32개의 원소를 가진 집합이 되는 것은 이미 살펴본 대로다.

이것만으로는 칸토어의 의미에서의 집합에 지나지 않지만, 위상공간으로 하기 위해서는 $\mathfrak{M}$ 중에서 닫힌집합과 그것이 아닌 부분집합을 구별해야 한다. 그 닫힌집합을 다음과 같은 규칙으로 지정해보자.

'*a*라는 사람을 포함하면, 그 사람의 자손을 모두 포함하는 부분집합을 닫힌집합으로 지정한다.' 또한 공집합은 닫힌집합에 넣기로 한다. 이 규칙에 따르면, 예를 들어 {요시토모, 요리토모}라는 부분집합은 요리토모와 함께 요리이에나 사네토모를 포함하고 있지 않으므로 닫힌집합으로 지정되지 않는다.

이 규칙으로 만든 닫힌집합을 열거하면, 다음과 같이 아홉 개 있다.

{요시토모, 요리토모, 마사코, 요리이에, 사네토모}

(모든 공간)

{요시토모, 요리토모, 요리이에, 사네토모}

{요리토모, 마사코, 요리이에, 사네토모}

{요리토모, 요리이에, 사네토모}

{마사코, 요리이에, 사네토모}

{요리이에, 사네토모}

{요리이에}

{사네토모}

{ }(공집합)

이처럼 서른두 개의 부분집합 가운데 아홉 개만이 닫힌집합이고, 나머지 스물세 개는 닫힌집합이 아니게 되었다.

그러면, 이런 닫힌집합이 앞의 조건을 만족하고 있는지 어떤지를 시험해보아야 한다. 그러면 분명히 닫힌집합의 조건이 전부 만족되는 것을 알 수 있을 것이다.

이렇게 해서 일단 하나의 위상공간이 태어났는데, 이 공간이 보통의 의미의 공간과는 무서울 정도로 동떨어진 것이라는 것은 말할 것도 없다. 아마도 건전한 상식을 가진 사람은 이런 것을 공간이라고 부르는 것 자체를 난센스로 볼 것이다. 하지만 이런 공간은 혈연이라는 관계를 공간의 모델에 의해 파악한 건 아닐까. 이 공간에서는 각 '점', 즉 각 개인이 사는 공간적 위치 사이의 원근이 아니라, 전혀 다른 혈연관계의 원근이 멋지게 표현되어있는 건 아닐까. 명백히 이런 위상공간으로 혈연관계는 모두 알 수 있다. 두 개의 '점' 즉 두 명의 사람 사이에 자손 관계가 있는지 없는지를 어떻게 판독할 것인지, 그 방법을 말해보자. *a*라는 '점' 즉 개인을 포함하고 있는 닫힌집합을 위의 리스트에서 꺼낸다. *b*가 그런 닫힌집합 전부에 포함된다고 하면 *b*는 *a*의 자손이라는 것을 알 수 있다. 따라서 처음에 출발점이 된 요리토모의 계도를 어떤 계기로 분실했다 하더라도, 닫힌집합 리스트가 있으면 잃어버린 가계도를 복구할 수 있는 것이다.

따라서 M의 혈연관계는 모두 M의 위상화, 달리 말하면 닫힌집합 리스트에서 거꾸로 끄집어낼 수 있다.

이것은 우리에게 여러 가지를 가르쳐준다. 첫째로, 이 장의 처음에 이야기했듯이, 우리 머릿속에는 뿌리 깊은 공간화의 경향이 있고, 토폴로지는 그렇게 넓은 공간화의 방향까지 포용하는 것으로, 좁은 의미의 기하학 이상의 것이라는 점이다.

두 번째로, 현대수학이, 그 명칭이 나타내는 '수의 학문'이라는 입장에서, 실질적으로는 더욱더 멀어져가고 있다는 점이다. 이것은 수학 이외의 학문에 있어서도 무시할 수 없는 의미를 지녔다고 생각할 수 있다. 지금까지 수학을 이용할 수 있는 학문이라고 하면 물리학, 천문학, 화학의 일부, 통계학 등에 한정되었다. 지금까지는 수학이라는 무기를 이용할 수 있으려면, 연구의 목적물이 어떤 의미에서 일단은 정밀하게 수량화되는 것이 전제였다. 그러나 모든 과학이 수량화되는 것은 아니며, 또한 수량화되지 않는 과학을 정밀하지 않다는 이유로 비난하는 것은 쩨쩨한 생각이자 잘못된 생각이라고 말할 수 있다. 이런 과학이 직접 수학을 이용할 기회는 지금까지는 거의 없었다.

하지만 이 색다른 위상공간의 예가 제시하듯이, 수량화될 수 없는 혈연관계 같은 것이 이미 수학의 틀 안으로 들어온다면, 지금까지 수량화하기 힘들어서 수학을 이용하는 길이 막혀있던 부문에도 이용의 길이 열리지 않을까. 예를 들면 수량화하기 힘든 다양한 성질의 '닮았는가, 안 닮았는가'의 비교를 위상화라는 수단을 통해 번역할 수 있게 될지도 모른다.

다음으로는 훨씬 공간 같은 공간을 제시해본다. 그것은 우리의 공간의 출발점이 된 직선이다. 이 직선을 앞에 두었을 때, 우리는 그것이 똑바르다는 것도, 자로 잴 수 있다는 것도, 좌우의 순서를 가진다는 것도 생각하지 않기로 하자. 이 직선은 그저 기수 c인 점의 모임으로 이루어진 집합 M이라고 하자. 이 집합 M의 모든 부분집합의 집합 $\mathfrak{M}$ 중에서 닫힌집합을 지정함으로써 M에는 한 개의 위상이 정해지는 것은, 이미 설명한 그대로다. 이런 지정 방식으로 직선의 위상이 정해지는데, 이렇게 해서 정해진 직선을 앞에 두었을 때, 우리는 초등 기하나 미분에서 직선을 생각했을 때의 머리를 바꿔치기해야 한다. 토폴로지로 생각하는 직선은, 직선과 토폴로지적 사상이 가능한 위상공간 전부를 대표하고 있다고 생각해야 한다. 바꿔 말하면, 직선이라고 해도 그것은 연체동물적인 운동을 계속하고 있는 하나의 곡선의 순간사진이며, 우연히 그것이 일직선이 된 순간에 셔터를 누른 것에 지나지 않으므로, 만약 다른 순간에 셔터를 눌렀다면 물결 모양일지도 모르는 것이다.

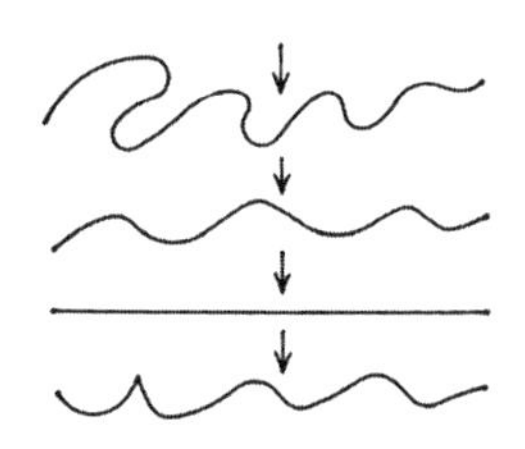

생각의 편의상, 닫힌집합을 M에서 뺀 나머지 집합을 '열린집합'이라고 하는데, 이 열린집합에 주목하자.

이 열린집합은, 어떤 특징을 갖고 있을까. 이것은 당연히 닫힌집합의 특징에서 끌어내어질 것이다.

열린집합은 닫힌집합의 여집합이므로 먼저 전체 공간의 여집합인 공집합과, 공집합의 여집합인 전체 공간은 당연히 열린집합이어야 한다. 그러므로 전체 공간과 공집합은 모두 닫힌집합인 동시에 열린집합인 것이다.

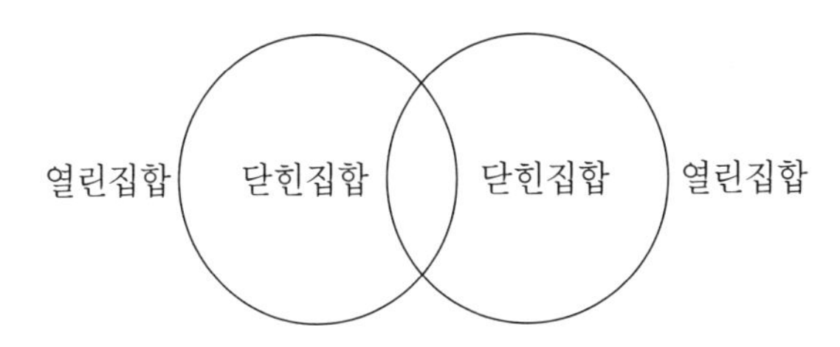

두 개의 닫힌집합의 합은 또한 닫힌집합이지만, 이것을 열린집합의 언어로 번역하면, 열린집합의 공통집합이 열린집합이 된다.

또한 닫힌집합의 공통부분은 열린집합의 합으로 옮겨지므로 임의 개의 닫힌집합의 합은 또 열린집합이 된다.

이런 조건을 만족하는 열린집합의 지정에서 출발해도, 완전히 똑같이 위상공간을 얻을 수 있다는 것은 말할 것도 없다.

일직선이라는 위상공간 내의 열린집합에 속하는 임의의 점 a를 중심으로 하는 충분히 작은 구간을 취하면, 그

구간의 점은 모두 그 열린집합 안에 들어있다. 간단히 말하면, 그 집합의 임의의 점을 중심으로 하는 어떤 구간에서, 그 집합의 여집합에서 분리해버릴 수 있는 것이다. 이 경우 a를 중심으로 하는 구간 양쪽 끝을 넣지 않는다이 중요한 역할을 한다. 이것을 점 a의 '근방近傍'이라고 이름 붙인다.

한 점의 근방은 물론 무수하게 있다. 이 근방을 토폴로지의 출발점으로 잡아도 결과는 같다. 그야말로 사회 속의 한 개인이 단순히 하나의 인간의 집합 M의 한 원소일 뿐 아니라 각각 국가, 도시, 정당, 가족, 일하는 회사, …… 등 크고 작은 다양한 M의 부분집합에 속하듯이, 위상공간의 각 점도 크고 작은 다양한 근방이라는 부분집합에 속해있는 것이다.

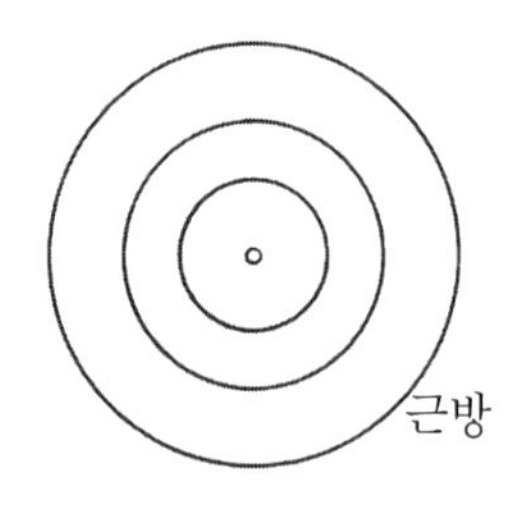

그러면 평면이라는 위상공간에서는 근방을 어떻게 정하면 좋을까. 물론 그것은 한 점을 중심으로 하는 원을

근방으로 잡으면 된다. 이리하여 근방을 어떻게 잡는지에 따라 하나의 위상공간이 완전히 정해진다. 어떤 의미에서 근방은 한 점을 다른 것과 구별하여 두드러지게 하는 역할을 갖고 있다. 이제 다음으로 공간이 이어져 있는지, 떨어져 있는지를 문제 삼자.

B a A

직선을 눈앞에 두었을 때, 그 직선에는 눈금이 없고 완전히 이어져 있다. 이것을 수학자는 '연결되어있다'라고 한다. 그러면 연결이라는 성질을 직관적인 느낌에서 엄밀한 논리에 의해, 즉, 닫힌집합이라는 언어로 바꿔보자. 연결되어있다는 것은 두 개의 부분으로 나뉘어있지 않다는 것이 틀림없지만, 이 '나눈다'라는 것은 무조건이면 안 된다. 왜냐하면 하나의 직선을 한 점 a에서 좌우로 나눌 수는 있기 때문이다. 그러나 이때 분점 a를 오른쪽 부분집합 A에 넣었다고 하면, 분명히 직선은 부분집합 A와 B의 합으로 나뉜다. 그때 A와 B는 공통점을 갖지 않는다. 즉, 연결되어있는 직선을 두 개의 부분집합으로 나눌 수는 있다. 그러면 연결이라는 성질은 어떻게 생각하면 좋을까. 여기서 아리스토텔레스의 오래된 말을 끄집어내자. 그는 직선을 분할할 수 없음을 논증하고 다음과 같이 말했다.

"연결한 직선을 한 점에 의해 두 개의 부분으로 나누었을 때, 그 한 점은 두 점으로 셀 수 있다. 그 한 점은 처음도 될 수 있고 끝도 될 수 있다. ……"

이것을 우리의 말로 해보면 두 부분이 양쪽 모두 그대로는 닫힌집합은 되지 못하며, 닫힌집합으로 하려면 분점을 두 개로 계산해야 한다는 것을 의미하고 있는 것이리라. 거기서 우리는 연결을 다음과 같이 정의할 수 있다.

"하나의 집합이 두 개의 공통점이 없는 공집합이 아닌 닫힌집합으로 나누어지지 않을 때, 이 집합은 연결되어 있다고 한다."

이 정의에 따라 직선의 연결성이 논리적으로 닫힌집합이라는 말로 뒷받침된 것이 된다. 이 정의를 앞의 요리토모의 '공간'에 대입해보면, 분명히 닫힌집합으로 분할할 수 없음을 알게 된다. 이 인간의 집합이 친척관계로 연결되어있음이 정확하게 언급된 것이 된다.

자, 사회의 경우에 어떤 단체에도 속해있지 않은 고독자가 있듯이, 공간에도 근방으로서는 그 점 자신을 가진 고립점이 있을 수 있다. 예를 들면 직선 위에서 −1이라는 점과 모든 양수의 점으로 이루어져 있는 집합을 생각하면, 이런 공간에서는 −1은 고립점이다.

-1 0

훨씬 극단적인 경우는, 공간의 모든 점이 고립점이라는 것도 있을 수 있다. 이런 공간에서는 모든 점이 근방, 즉 열린집합이 되며, 따라서 모든 부분집합이 열린집합이 된다. 뒤집어 말하면 $\mathfrak{M}$의 모든 원소가 닫힌집합이 되어있다. 이것은 $\mathfrak{M}$에 있어서 닫힌집합의 지정이 가장 많은 경우다. 이 경우에는 각 점 사이를 연결하고 있는 공간적인 관계가 전혀 없으며, 위상은 가장 약하다고 말할 수 있다. 이것은 칸토어의 집합론 입장이다. 즉 같은 집합 M에 있어서도 $\mathfrak{M}$에 대한 닫힌집합의 지정이 많으면 많을수록 위상은 약해지는 것이다. 사회에 비유하면 모든 개인이 서로 어떤 관계도 없이 생존하고 있는 '군집'에 지나지 않는다고 말할 수 있다. 그러면 반대로 위상이 극단적으로 강한 경우는 어떨까. 그것은 닫힌집합으로서는 공간 자신인 M과 공집합의 두 개만이 닫힌집합으로 지정된 경우다. 이 경우는 사회적인 제약이 너무 강해서 개인이 독립해있지 않은 밀봉적인 사회에 비교할 수 있을 것이다. 일반적인 위상공간은 물론, 닫힌집합이 많은지 적은지에 따라 이 양극단 사이에 있다.

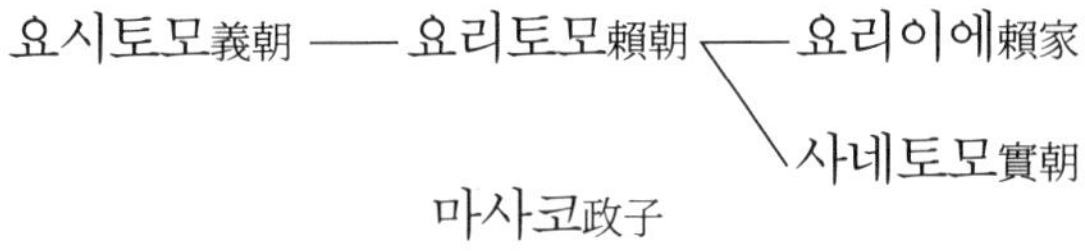

요시토모義朝 —— 요리토모賴朝 ——요리이에賴家
\사네토모實朝
마사코政子

요리토모의 '공간'을 다시 한번 끌어와 보자. 이것은 대단히 공상적인 가정이지만, 요리토모와 마사코가 어떤 사정으로 이혼하여 마사코가 미나모토 가문과 일절 관계를 끊고 친정으로 돌아갔다고 가정해보자. 이때, 가계도는 왼쪽과 같이 된다. 이때, '공간'은 어떤 변화를 겪는지를 보면, 그 가계도에서 닫힌집합을 지정하면 앞에서 만든 닫힌집합 리스트에 다음과 같은 것을 추가할 필요가 있다.

{마사코, 요리이에}

{마사코, 사네토모}

{마사코}

이혼 전후에 있어서 닫힌집합의 지정 방법이 달라지므로, 물론 집합으로서는 변함이 없지만…….

새로운 위상에서는, 전체 공간 M은

M={요시토모, 요리토모, 요리이에, 사네토모}+{마사코}

와 같이 두 개의 닫힌집합으로 나뉘므로 연결되어있지 않게 된다. 이 연결이라는 말이 친척관계의 연결과 잘 대응하고 있는 것에 주의하기를 바란다.

이처럼 칸토어적인 집합에 위상이 들어가면 위상공간이 태어나는데, 이 위상공간은 너무나도 일반적이어서 우리 주변의 가까운 공간과는 너무 멀다. 이 위상공간이 처음에 예고했던 높은 산의 정상이다. 이 정상을 정복한 우리의 다음 임무는 여기서부터 구체화의 방향으로 방향을 바꾸어 하산하는 것이다. 가장 추상적인 위상공간에서 이번에는 구체화라는 방법으로 우리에게 친숙한 3차원 공간, 직선 등에 도달하는 것 역시 가능하다. 그러기 위해서는 닫힌집합을 지정하는 방법에 다양한 조건을 붙여가면 된다.

이런 위상공간이 이 장의 처음에 이야기한 공간화 일

반의 경향도 포함하여 많이 있다는 것은 말할 것도 없다. 그리고 이런 위상공간 연구를 주된 임무로 삼는 토폴로지가 대수학과 함께 현대수학의 커다란 부분을 차지하고 있는 것은 결코 우연이 아니다.

이미 1세기 전에 가우스는 토폴로지가 수학의 가장 강력한 방법이 될 것이라고 말했다. 가우스의 이 예언은 정확히 적중하여 토폴로지는 수학의 모든 부문에 침투하여 대수학, 기하학, 해석학 등 모든 곳에서 거대한 사상의 전환을 촉구했다. 그리고 현재로서는 토폴로지의 영향력에 한계를 긋는 것은 누구도 불가능하다.

4장
태초에 군群이 있었다

소인 왕이 다스리는 소인 백성으로 이루어진 소인국에 키가 열두 배나 큰 걸리버가 떠내려오자 소인들 사이에 큰 소동이 벌어진다. 『걸리버 여행기』 작가 스위프트는 비범한 추리력으로 열두 배의 키에서 끌어내어졌을 모든 결론을, 비판의 여지가 없는 정확함으로 묘사하고 있다. 걸리버의 키가 열두 배라는 것만 승인하면 그 이외에는 무엇 하나 불합리한 것은 발견할 수 없다. 그 정확함에는 경탄하지 않을 수 없다. 이 이야기를 읽는 사람은 마치 직선만으로 이루어진 멋진 기하학적 무늬 같은 아름다움을 느낄 것이 틀림없다. 다만, 스위프트는 계산은 잘하지 못했던 것으로 보이며, 걸리버의 식량 배급량이 신체의 용적에 비례해야 한다는 것에 대해 과학적 논의를 한 다음, 막상 계산 단계가 되면 $12^3=1728$이라고 해야 할 것을 $12^3=1724$라는 답을 내고 있다. 이 계산 착오는 분명히 불후의 명작과 더불어 남은 불후의 애교일 것이다[4].

소인국에 한정되지 않고, 하나의 학문의 세계에서도 그 학문이 서 있는 몇 가지 전제 가운데 하나를 제거하거나 다른 것으로 치환한다면, 예외 없이 이 소인국에서 벌어진 것과 같은 소동이 벌어질 것이 틀림없다. 지난 세기 전반에 비유클리드기하학이 유클리드기하학의 세계에 나타났을 때도, 아마도 해안에 떠밀려온 걸리버를 발견한 소인들과 같은 공황이 일어났음이 틀림없다.

고대 그리스가 후세에 남긴 수많은 걸작 중에서도 단연 훌륭한 것은 유클리드의 『기하학 원론』일 것이다. 이 책은 몇천 년 동안 움직일 수 없는 진리로 여겨졌을 뿐 아니라, 성서 다음으로 인기 있는 책이기도 했다.

이 유클리드기하학으로 가득한 왕국에 이것과 원리적으로 대립하는 비유클리드기하학이 떠밀려왔을 때도 일대 센세이션이 일어났음이 틀림없다. 젊었을 적부터 너무 고생을 많이 해서 대단히 조심성이 많았던 가우스는 '야만인들의 아우성'을 두려워하여 그가 최초로 발굴해낸 비유클리드기하학을 발표하기를 꺼렸다. 발견의 명예는 가우스보다 박식하지는 않았지만, 그보다 젊고 '야만인들의 아우성'을 두려워하지 않았던 수학자 두 명에게 돌아갔다. 헝가리인 보여이János Bolyai(1802~1860)와 러시아인 로바쳅스키Nikolai Lobachevsky(1793~1856)였다. 야만인을 두려워하지 않았던 만큼, 두 사람은 확실히 무모한 면이 있었다. 보여이는 헝가리의 혈기 왕성한 육군 사관으로 서재에 틀어박힌 학자가 아니었으며, 로바쳅스키도 학창 시절에 학교 당국과 소동을 일으킨 적이 있다고

전한다. 그들이 야만인을 두려워하지 않았던 것은 그들 자신이 약간은 야만인이었기 때문일지도 모르겠다.

하지만 이 정도로 큰 발견을 한 사람이 그 후 거의 학문적인 활동을 포기해버린 것은 이상하다. 보여이는 육군 사관이라는 직업상 어쩔 수 없었다 쳐도, 로바쳅스키는 학자로서 카잔대학에 가서 학자적인 생활을 했음을 생각하면, 분명히 한 가지 의문이 떠오른다. 하지만 그의 전기를 읽으면 그 수수께끼는 풀린다. 교육적 노동과 관료적 잡무가 로바쳅스키의 천재성을 죽여버린 것이다. 이 뛰어난 학자는 수학 이외에 천문학이나 물리 강의까지 도맡았고, 도서관이나 박물관 관리도 넘겨받았다. 나중에 카잔대학 총장이 되었다.

젊은 날의 톨스토이가 미래의 외교관을 꿈꾸며 카잔대학에 다닌 일이 있었는데, 당시 총장이 로바쳅스키였다. 총장이 되어서도 잡무는 전혀 줄어들지 않았다. 총장, 교수, 도서관장, 박물관장을 겸한 로바쳅스키에게 연구할 여유가 없었던 것은 당연할 것이다. 한 번은 유명한 외국인이 시찰하러 왔는데 안내를 맡은 문지기로 추정되는 남자가 대학의 구석구석까지 잘 알고 있는 것에 감복하여 헤어질 때 약간의 팁을 쥐여주려 했다가 단호히 거부

당했다. 그리고 그 문지기가 사실은 로바쳅스키 총장이었음을 나중에 알았다는 이야기가 전한다. 이것은 100년 전 제정러시아 시대 이야기지만, 20세기 현대에도 뛰어난 학자가 잡무를 처리하느라 정작 연구 활동은 내팽개치고 있는 실례는 어느 나라에도 있을 법하다.

비유클리드기하학이 기하학에 혁명을 일으킨 것은 유클리드기하학을 구성하고 있는 몇 가지 공리 가운데 하나인 평행선 공리를 다른 것으로 치환한 점이다. 이 공리는 유클리드기하학의 제5공리로 불리며, 고대 그리스 무렵부터 기하학의 숙제 중 하나였다. 대담한 외과의사가 환자의 내장 하나를 잘라내고 그것을 다른 것으로 대치하듯이, 이 평행선 공리를 다른 공리로 치환해버린 것이다.

'평면 위에 한 직선이 있을 때, 그 직선 외의 한 점을 지나 그 직선과 교차하지 않는 직선, 즉 평행선은 한 개는 반드시 있으며, 한 개보다 많지는 않다'는 것이 유클리드기하학의 평행선 공리인데, '하나 있고, 하나뿐이다'라는 조건을 '무수히 많이 있다'라는 조건으로 치환한 것이 로바쳅스키, 보여이의 비유클리드기하학이다. 그들은 얼핏 사리에 어긋나는 평행선 공리가 다른 여러 공리와 사이좋게 공존할 수 있음을 제시한 것이었다. 이 변경된 평행선 공리가 '걸리버 키의 열두 배'에 해당하는 것이다.

그런 것을 단순히 우화적인 가정 이상의 것으로 승인하기를, 건전한 상식은 거부할 것이다. 이 명제를 듣고 아우성을 치는 것은 결코 야만인들만은 아닐 것이다.

『걸리버 여행기』는 그 내부에는 모순을 품고 있지 않지만, 소인국 이외의 나라를 보면 역시 가공의 이야기를 벗어날 수 없다. 비유클리드기하학도, 그 내부에는 모순을 품고 있지 않다고 해도, 역시 '건전한 상식'에서 보면 하나의 우화에 지나지 않다고 생각할 수 있다. 그러나, 과연 그럴까. 아니, 비유클리드기하학은 『걸리버 여행기』보다 훨씬 더 현실적인 의미를 지녔다는 것을 제시한 것은 클라인과 푸앵카레였다. 두 사람의 방법은 약간 다른데, 여기서는 클라인의 방법을 이야기해보기로 한다.

비유클리드기하학의 클라인 모델을 이해하려면 아무래도 그의 학문적 활동의 출발점이 된 『에를랑겐 목록』까지 거슬러 올라갈 필요가 있다.

이 『에를랑겐 목록』은 그의 친한 친구였던 노르웨이의 수학자 S. 리Marius Sophus Lie(1842~1899)의 자극에 빚진 부분이 많지만, 클라인 자신의 말에 따르면 상당히 외적인 동기에 의해 태어났다.

1872년, 스물세 살 청년 클라인은 갑자기 에를랑겐대학 교수로 임용되었다. 이 대학에는 예전부터 한 가지 재미있는 관례가 있었는데, 신임 교수는 의무적으로 자기 연구 프로그램을 모든 교수 앞에서 강연해야 했다. 이 관례에 따라 황급히 정리하여 공표한 것이 『에를랑겐 목록』이었다. 이 목록이야말로 하나의 방법론을 의식적으로 제출하여 근대의 기하학 역사에 중요한 전환점을 꾀한 것이었다. 그것은 모든 기하학을 분류하고, 그것에 정연한 계보를 부여했다. 이 방법은 현대에도 더욱 생생한 지도력을 유지하고 있다. 이 목록의 의미를 설명하기 위해 사영 기하학射影幾何學과 그것과 친밀한 관계에 있는 두세 가지 기하학을 골라보자.

17세기 초에 데카르트가 좌표를 발명했을 때, 사람들은 이미 모든 기하학은 끝났다고 생각했음이 틀림없다. 당사자인 데카르트 자신도 그렇게 생각했던 것 같은 흔적이 있다.

유클리드기하학에서는 하나의 문제를 풀기 위해 뭔가 특별한 아이디어나 생각이 필요했다. 예를 들어 도형 속의 특별한 위치에 새로운 직선을 추가하면, 곤란한 문제가 마치 마법처럼 풀리는 것을 누구라도 경험한 적이 있을 것이다. 그것이 어떤 사람들을 기하학으로 끌어들이고, 어떤 사람들을 멀어지게 하는 원인 가운데 하나였다. 그러나 데카르트 좌표는 모든 기하학상의 명제를 수식으로 바꾸어버렸으므로, 이제 더는 천재의 인스피레이션(영감)은 필요하지 않고 범인의 퍼스피레이션(땀)만이 필요해졌다…….

하지만, 정말 그럴까. 이와 비슷한 경우가 하이쿠나 단가에도 있으므로 이것도 인용해보자. 하이쿠가 17글자라는 규칙을 바꾸지 않고 일본의 가나 문자가 탁음 등도 포함하여 111글자인 이상, 하이쿠의 총수는 111^{17}을 넘지 않을 것임은 순열론을 배운 사람은 누구라도 알고 있을 것이다. 그것은 분명히 유한이지만, 인간이 끝까지 셀 수 있을 만한 수는 아니라는 것도 계산해보면 명백하다. 심지어 그렇게 기계적인 순열로 배열한 17글자의 대부분은 무의미한 잠꼬대 같은 소리에 지나지 않는다. 그런 것에서 의미 있는 말을 끌어내려면 상상할 수 없는 노력이 필요할 것이 틀림없다. 하물며 예술적 가치가 있는 것을 끌어내려면, 그때는 한층 더한 인스피레이션이 필요할 것이다.

그러므로 하이쿠의 수가 111^{17}이하라는 답은 거의 답이 되지 않는다. '이웃 마을까지 몇 킬로미터인가'라고 묻는 나그네에게 '1만 킬로미터 이하다'라고 대답하는 것과 같다.

데카르트 좌표에서도 사정은 비슷하다. 하나의 기하학상의 명제는 좌표에 의해 수식으로 번역되고, 다시 하나의 수식은 기하학상의 명제로 뒷받침된다. 이것은 언제나 가능하다. 그러나 무수하게 있는 명제의 중요성에 대한 평가가 문제가 되면 이야기는 달라진다.

수없이 많은, 틀린 것은 아니지만 가치 없는 명제에서 진짜로 중요한 것을 골라내는 것은, 계산이라는 기계적이고 맹목적인 절차가 아니다. 이런 의미에서 데카르트 좌표는 분명히 기하학 연구의 하나의 수단이기는 했지만, 우리에게 최단 코스를 걷는 것을 알려주는 방법론까지 높여준 것은 아니었다. 여기에 새로운 방법론이 태어날 가능성이 있었다. 그리고, 그것을 창시한 것은 데카르트와 같은 시대 사람인 데자르그Gerard Desargues(1593~1662)였다. 모든 것을 백과사전적으로 나열하지 않고, 잡다한 지식의 더미에서 진짜로 중요한 것을 골라내는 것이 학문의 참 목적이라고 한다면, 데자르그가 이룩한 공적은 잊을 수 없는 것이었다.

건축기사였던 데자르그는 직업상 필요했으므로 투영법에 능숙했다. 아카데믹한 수학자와는 정반대로 활동적인 기사였던 데자르그는, 완전히 실용적인 동기에서 이 새로운 기하학을 발전시켰던 것이다. 그는 또한 노동자 교육에도 힘을 쏟은 열정적인 기사이기도 했다. 그의 논문에는 '나무'나 '가지', '작은 가지', '마디' 등의 잘 쓰지 않는 술어가 등장하는데, 이들 언어 속에 아카데미에 선택된 학자 앞에서 강연하는 수학자가 아니라 야학에 모인 지식욕에 불타는 노동자에게 강의하고 있는 열정적인 기사의 모습을 그려볼 수 있을 것이다.

사영기하학은 이리하여 아카데믹한 수학자가 아니라 실제적인 기사에 의해 시작되었다. 그리고 이 기사가 호흡하고 있던 공기는, 부르주아가 차츰 힘을 얻어, 마침내 역사의 주역으로 떠오르는 르네상스 후기의 활기로 가득 찬 시대의 그것이었다.

데자르그의 유산을 받아 이 사상에 훌륭하게 체계를 부여하여 홀로서기에 성공한 과학으로 완성한 퐁슬레 Jean Victor Poncelet(1788~1867) 또한 아카데믹한 학자가 아니었다.

프랑스 수학자들이 대부분 그렇듯이, 퐁슬레도 파리공

예학교 출신의 포병 사관이었다. 그는 비참한 패전으로 끝난 나폴레옹의 러시아 원정에 종군했는데, 포로가 되어 몇 년 동안 볼가강 변에 있는 사라토프의 감옥으로 보내졌다. 책도 없고, 글을 쓸 종이도 없는 감옥에서는 목탄 조각으로 도형이나 식을 벽에 쓰는 것만이 허락되었다. 그가 사영기하학의 착상을 얻은 것은 사라토프 감옥 안에서였다. 그는 쓰고 있다. "이 책은 1813년 봄 이후, 내가 러시아의 감옥에서 착수한 연구의 결과다. 책은 물론이고, 모든 위안을 박탈당하고, 조국과 나 자신의 불행 때문에 의기소침해져서, 연구를 완성하지 못했다. ……" 그러나, 이 황량한 감옥도 사영기하학에 있어서는 어울리는 요람이었을지 모른다. 왜냐하면 사영기하학이야말로 날카로운 직관력 말고는 계산이나 식을 사용할 필요가 없는 특별한 기하학이기 때문이다…….

A라는 평면 위에 어떤 도형이 그려져 있다. 이 평면도형을 필름 위에 그린 것으로 생각하여, 이 도형을 한 점 O에서 투영하여 B라는 평면 스크린에 비춰보자.

이때 도형은 분명히 변한다. 만약 A, B라는 두 개의 평면이 평행한 위치에 있다면, 도형은 모든 방향으로 같은 비율로 신축할 뿐이며, 원상과 상은 닮은꼴이 된다. 하지

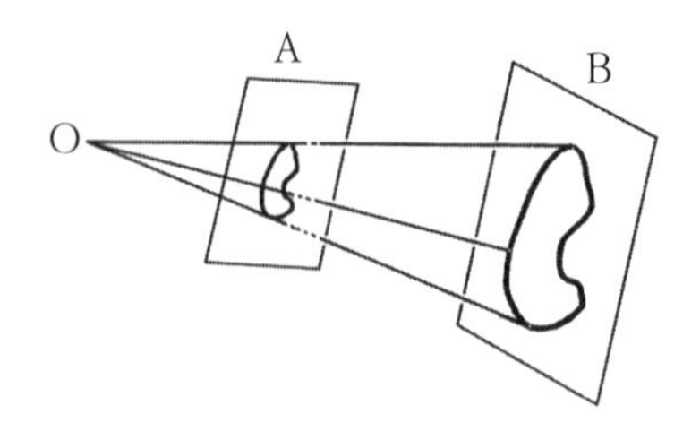

만 필름과 스크린이 평행한 위치가 아니면 영상은 닮음이 아니게 되며, 왜곡된다. 이것을 이해하려면 영화관의 한쪽 귀퉁이 좌석에서 영화를 보았을 때의 경험을 떠올려보면 된다. 그때, 등장인물의 얼굴은 이상하게 길어 보인다.

하지만, 이런 투영으로 모든 성질이 흔적도 없이 변해버리는 것일까. 물론, 그렇지는 않다. 예를 들어 연속한 철도의 레일이 도중에 끊기면서 비치는 일은 결코 없다. 왜냐하면 투영에 의한 사상은 3장에서 이야기한 토폴로지적 사상이 틀림없기 때문이다. 그러나, 일반적인 토폴로지적 사상처럼 모든 도형은 완전히 연체동물적으로 변하고 말 것인가. 예를 들면 필름 위에 하나의 직선이 그려져 있을 때, 그것이 하나의 물결치는 곡선이 되어 비칠 것인가. 그것은 있을 수 없는 일이다. 다음 페이지 그림처럼 직선 PQ를 비치는 광선은 모여서 OPQ을 포함하는

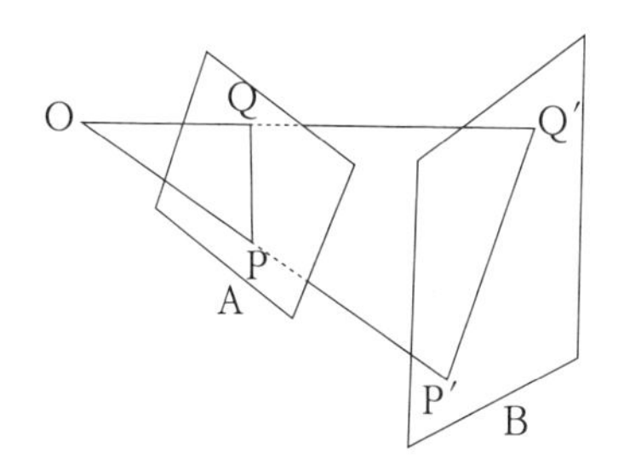

평면이 되는데, PQ의 영상은 이 평면과 평면 B의 교차인 P′Q′가 된다. 이 P′Q′는 분명히 직선이다. 왜냐하면 평면과 평면의 교차는 직선이니까…….

바꿔 말하면, 직선이라는 성질은 투영에 의해서는 변하지 않는다. 클라인식으로 말하자면 그것은 불변이다. 그러나 선분의 길이나 각도는 투영으로 흔적도 없이 바꿔어버린다는 것은 말할 것도 없다.

다음과 같은 사실이 명백해졌다.

투영에 따라 한 평면 위의 직선은 전부 다른 평면 위의 직선으로 변한다.

하지만, 과연 '전부'인지 아닌지, 곰곰이 다시 생각해보기로 한다. 그런데, 이 경우 '전부'라는 것은 지나친 말이며, 사실은 '한 개를 제외하고 전부'다. 하나의 예외를 만드는 것은 다음과 같은 직선이다.

광원 O을 지나고 평면 B에 평행한 평면 B′를 그을 수 있는데, 이 평면 B′와 평면 A가 교차하는 직선 L이 그것이다. 이 직선에 O로부터의 빛을 비춰도 그것은 B′가 되므로 B와의 교점은 없다. 왜냐하면 B와 B′는 평행이 되도록 만들었기 때문이다. 악마에게 그림자를 판 사나이 페터 슐레밀Peter Schlemihl처럼, 이 직선은 그림자를 갖지 않는다. 하지만 평면 A 위에 페터 슐레밀이 있듯이, 평면 B 위에도 그림자만 있고 실체가 없는 유령이 있는 것이므로, 마찬가지다. 그것은 광원 O를 지나고 A와 평행한 평면 A′와 B의 교선이다.

만약 우리가 'A 위의 직선은 투영으로 B 위의 직선이 된다'라고 주장하고 싶을 때, 언제나 우리의 주장은 A 위의 페터 슐레밀과 B 위의 유령에 의해 방해를 받게 될 것이다. 그리고 늘 '단, 하나의 예외를 제외하고'라는 단서를 덧붙여야 하게 된다. 훌륭하게 곡을 연주하는 속에 섞여드는 이 잡음은 어떻게 해볼 수 없을까.

물론, '예외 없는 법칙은 없다'라는 속담도 있을 정도이므로, 그것이 논리적으로 치명적인 결함은 아니다. 하지만 이런 사태에 직면했을 때, 수학자는 언제나 어떤 특별한 태도를 보인다. 그것은 기정사실로 여겨지는 사건—여기서는 평면인데—에 약간의 수정을 가함으로써 예외를 없애버리는 것이다.

우리의 경우, A 위의 페터 슐레밀에게는 B 위에 새롭게 직선의 그림자를 덧붙여주고, B 위의 유령에게는 A 위에 새롭게 직선의 육체를 덧붙여주면, 만사가 잘 풀릴 것이 틀림없다. 이처럼 새롭게 덧붙여진 직선을 무한원 직선無限遠直線이라고 하며, 평범한 평면에 이 무한원 직선을 덧붙인 것을 특히 사영평면이라고 한다. 이 사영평면 위에서는 더는 그 듣기 싫은 잡음을 듣지 않고 '사영평면 위의 모든 직선은 투영에 의해 사영평면 위의 직선으로 변한다'라는 명제를, 아무런 단서를 달지 않고도 주장할 수 있게 된다.

그렇지만, 이 무한원 직선은 어떻게 해서 평면에 용접될 수 있을까. 틈새도 없고, 테두리도 없는 평면의 어디에 새로운 직선을 덧붙인다는 것일까. 여기서도 우리의 직관은 가로막히게 된다. 거기서, 방향을 바꿔서 식과 계산이라는 수단에 도움을 청해보자.

데카르트 좌표에서는 평면 위의 한 점은 언제나 두 개의 실수 쌍으로 표현되었다. 이 방법에 몇 가지 수정을 가하기로 한다. 우리는 여기서 두 개의 실수 대신에 세 개의 실수 x, y, z라는 한 쌍을 생각한다. 이때, 두 개까지는 0이 될 수 있지만, 세 개 모두 0이 될 수는 없다고 하기로 한다. x, y, z를 단순한 좌표로 생각하면 3차원 공간이 되어버리지만, 이 세 수의 비가 한 점을 정하는 것이라고 하자. 예를 들면

$$2:3:1=4:6:2$$

이므로, (2, 3, 1)와 (4, 6, 2)는 같은 점을 나타내는 것이라고 하자. 이런 연비 속에서 z가 0이 아닌 것만을 생각하면,

$$x:y:z=\frac{x}{z}:\frac{y}{z}:1$$

이므로, $\left(\frac{x}{z},\frac{y}{z}\right)$가 보통의 평면의 점을 나타낸다. 또한 z가 0이 되는 연비의 모임이 무한원 직선이 된다. 이런 세 수의 연비에 의한 좌표를 동차同次 좌표라고 하며, 사영평면을 나타내는 데는 안성맞춤이다.

유클리드 평면에서는 두 개의 직선은 예외적으로 교차하지 않는 경우가 있다. 즉 평행인 경우인데, 무한원 직선을 덧붙인 사영평면에서는 그런 예외는 일어나지 않는

다. 즉, 그것은 무한원 직선 위에서 교차하는 것이다. 예를 들면 유클리드 평면에서는

$$\begin{cases} x-y-2=0 \\ x-y-1=0 \end{cases}$$

으로 나타내어지는 두 직선은 평행으로 교차하지 않는다. 즉, 이 연립방정식은 해가 없다. 왜냐하면, 이 두 개의 식에서 x를 소거하려 해도 뺄셈을 하면 y도 함께 사라져버리므로, 1=0이라는 불합리한 결과가 나오기 때문이다. 그러나, x, y 대신에 $\frac{x}{z}, \frac{y}{z}$라고 넣어서 분모를 제거하면 동차의 식이 된다.

$$\begin{cases} x-y-2z=0 \\ x-y-z=0 \end{cases}$$

이 식은 분명히 (1, 1, 0)이라는 교점을 갖는다. 물론, 이 점은 z가 0이므로 무한원 직선 위에 있다. 그러므로 이 연립방정식은 해가 없는 것이 아니라, 무한원점의 해가 있다고 결론을 내려야 된다.

요컨대, 사영기하학을 연출하는 무대로서 유클리드 평면은 너무 좁으므로, 무한원 직선이라는 연장 무대를 만

든 것이다. 수학자가 즐겨 이용하는 이 방법은 주의해둘 필요가 있다.

여기서 생각해낸 무한원 직선 같은 것을 힐베르트 David Hilbert(1862~1943)는 이상적 요소라고 이름 지었다. 이런 이상적 요소는 수학이 크게 비약할 때 반드시 모습을 드러내는 일이 많다. 현대의 수학을 배우려 하는 사람은 모든 곳에서 이런 이상적 요소를 마주치게 될 것이다.

하지만, 이런 이상적 요소와 현실적 요소를 기계적으로 분리하여 그것의 차별을 절대화하는 것은 명백하게 잘못이다. 왜냐하면, 수학 발전의 어떤 낮은 단계에서는 이상적이었던 요소도, 더 높은 입장에서 보면 현실적 요소에 지나지 않는 일이 많기 때문이다. 극단적인 예를 들자면, 3까지의 숫자밖에 모르는 것으로 알려진 호텐토트인Hottentot人에게 4는 하나의 이상적 요소일 것이며, 또한 정수와 분수만 수로 간주한 고대 그리스의 피타고라스학파 사람들에게는 $\sqrt{2}$와 같은 무리수는 이상적 요소였을 것이 틀림없다. 하지만 오늘날 미분적분을 배우는 사람들에게는 $\sqrt{2}$ 역시 단순한 현실적 요소에 지나지 않는다.

무한원 직선을 덧붙인 사영평면의 구조를 조금 더 알

아보자. 이미 설명했듯이, 사영평면은 세 개의 동차 좌표의 연비로 정해지므로, 3차원 공간에 비춰보면 원점을 지나는 한 직선이, 이와 같은 하나의 연비를 정하게 된다. 따라서 3차원 공간의 원점을 지나는 직선 하나하나가 사영평면의 점 하나하나를 정한다. 직선을 한 점으로 보기 위해 원점을 중심으로 하는 하나의 구와 교차시켜보면, 교점은 두 개씩이 된다. 이 두 개가 구의 대척점을 이루고 있는 것을 말할 것도 없다. 거기서, 결국 서로 대척점을 이루는 구면 위의 두 점의 쌍이, 사영평면의 한 점을 나타내고 있다. 이런 곡면이 대단히 기묘한 특성을 지녔다는 것을 뒤에서 잘 알게 될 것이다.

이상에서 사영기하학이 연기하는 무대인 사영평면의 설명을 일단 마쳤으므로, 다음에는 등장인물과 무대 뒤에서 다양한 인물을 움직이고 있는 무대감독에 관해 설명하기로 한다. 등장인물에 해당하는 것은 말할 것도 없이 도형이다. 그중에는 원도 있고 직선도 있으며, 또한 좀 더 복잡한 도형도 있을 것이다. 그러나 이들 도형은 정지해있는 것이 아니라 일정한 각본에 따라 운동하여 변화하고 있다.

이 다양한 도형을 움직이고 있는 무대감독에 해당하는

것이 하나의 변환군, 우리의 경우에는 사영 변환군이다. 그것이 군이라는 점에서는 2장에서 이야기한 군의 하나이며, 변환이라는 '작용'의 모임인데, 사영 변환군은 다음과 같은 특별한 성질을 갖고 있다.

앞에서 이야기한 투영법은 한 번 A 평면에서 B 평면으로 투영한 다음, 두 개의 평면을 겹치면 하나의 사영평면 내의 사영 변환이 된다. A에서 B로 비치고, 다시 이번에는 B를 필름이라고 생각하여, 제3의 평면에 비췄을 때, 이것도 하나의 사영 변환이 된다. 즉 하나의 투영이 아니라 두 개 이상의 투영이 겹쳐진 것도 사영 변환이다.

투영이라는 생각에서 일단 떨어져서 사영 변환을 생각하면, 다음과 같이 된다.

평면 A, 이것이 무한원 직선을 덧붙인 사영평면이라는 것은 말할 것도 없다. 이 평면 위의 한 점을 한 점으로 바꾸고, 직선을 직선으로 바꾸는 연속사상을 사영 변환이라고 하기로 한다.

이런 사영 변환 전체의 모임이 군을 만들고 있다는 것은 군의 기본적인 약속에 대입시켜보면 쉽게 알 수 있다. 그러나 그런 '작용'을 머릿속에 떠올리는 것은 곤란하므로, 좀 더 구체적으로 그 '작용'을 나타내보자. 그러기 위해 앞에서 이용했던 동차 좌표를 사용하기로 한다. 한 점이 한 점으로 이동한다고 하면 (x, y, z)가 (x', y', z')로 이동하므로

$$\begin{cases} x=f(x', y', z') \\ y=g(x', y', z') \\ z=h(x', y', z') \end{cases} \qquad \begin{cases} x'=f'(x, y, z) \\ y'=g'(x, y, z) \\ z'=h'(x, y, z) \end{cases}$$

라는 형태의 식으로 연결된 것이 된다.

직선은 1차식

$$\alpha x+\beta y+\gamma z=0$$

으로 나타내어지므로, 이 x, y, z 대신에 위의 식의 f', g', h'를 넣어서 정리한 결과가 다시 직선, 즉 1차식이 되기 위해서는 f, g, h가 모두 1차식이어야만 한다.

$$\begin{cases} x=a_{11}'x'+a_{12}'y'+a_{13}'z' \\ y=a_{21}'x'+a_{22}'y'+a_{23}'z' \\ z=a_{31}'x'+a_{32}'y'+a_{33}'z' \end{cases} \qquad \begin{cases} x'=a_{11}x+a_{12}y+a_{13}z \\ y'=a_{21}x+a_{22}y+a_{23}z \\ z'=a_{31}x+a_{32}y+a_{33}z \end{cases}$$

이처럼 한 개의 사영 변환을 정하려면 a_{11}, a_{21}, ……, a_{33}이라는 상수 아홉 개가 필요하다. 하지만 이 경우도, 연비가 같은 것은 같은 변환을 정하므로, 실질적으로는 상수 여덟 개가 한 개의 사영 변환을 정하고 있는 것이 된다. 그러므로, 사영 변환 전체를 굳이 나타내려 한다면 8차원 공간이 필요하게 된다.

이 사영 변환 전체의 모임을, 즉 사영 변환군을 G라고 하자. 이 G 자신은 사영평면의 어디에도 모습을 나타내지 않는다. 마치 각본을 손에 쥔 무대감독처럼, 무대 위의 움직임을 무대 뒤에서 지휘하고 있는 것과 같다.

사영기하학은, 이 사영 변환군에 의해 변하지 않는 도형의 성질을 연구하는 학문이다.

몇 가지 실례를 통해 이 말의 의미를 설명해보자.

하나의 선분이 있을 때, 그 선분의 길이는 특별한 사영 변환인 투영으로 변해버린다. 그러므로 선분의 길이는 사영기하학의 범위 밖에 있다. 또한 두 직선이 이루는 각도 역시 사영 변환에 따라 변하므로 사영기하학의 연구 과제는 되지 않는다.

유명한 피타고라스 정리를 써보면, 다음과 같다.

“직각삼각형의 직각을 낀 두 변의 제곱의 합은 빗변의

제곱과 같다."

이 정리 속에 나타나는 직각이라는 것도, 또한 변의 제곱이라는 것도, 모두 사영 변환으로 변해버리는 것이며, 따라서 이런 생각을 토대로 한 피타고라스 정리는 사영기하학의 범위 밖에 있다.

그러면 다음과 같은 정리를 들어보자.

'두 개의 삼각형의 서로 대응하는 꼭짓점을 잇는 세 직선이 한 점에서 교차하면, 대응하는 변의 교점은 일직선 위에 있다.'

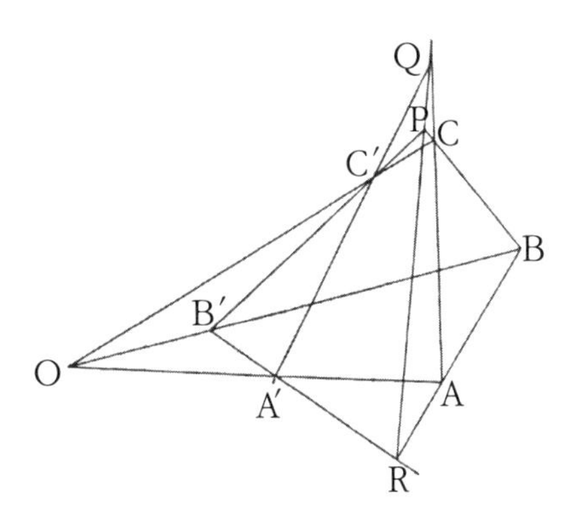

이 정리는 데자르그 정리라고 불리는데, 이 정리의 전제에도 종결에도, 그저 '한 점에서 교차한다'라든지, '일직선 위에 있다' 등의 말이 나올 뿐, 각이나 길이는 모습

을 드러내지 않는다. 따라서 이 정리를 말하고 있는 위의 도형을 투영으로 스크린 위에 비춰도 정리의 의미는 마찬가지로 읽힐 것이다. 이런 정리는 사영 변환으로 변하지 않으므로 사영기하학의 범위에 들어간다.

따라서 위의 도형은 하나의 도형을 나타내고 있다기보다는, 사영 변환으로 옮겨질 수 있는 모든 도형의 대표라고 말하는 것이 낫다.

유클리드의 논리적인 재능에 의해 조직되고 정연한 체계로까지 정리된 그리스 기하학에는, 운동이나 변화라는 생각은 거의 모습을 보이지 않는다. 다만 다른 위치에 있는 두 개의 도형이 합동인지 아닌지를 확인할 필요가 생겼을 때, 한쪽 도형을 움직여서 다른 것과 겹친다는 움직임이 나타날 뿐이다. 이것은 합동을 확인하기 위해 어쩔 수 없이 허용된 '운동'이었을 것이다. 이 운동은 그들에게 있어서 오히려 '필요악'으로 여겨졌음이 틀림없다. 기계라는 것을 거의 사용하지 않고, 노예라는 대용품으로 일을 처리하던 그리스인에게 있어서 운동이나 변화는 오히려 나쁜 것이기까지 했을 것이다.

정지와 부동을 기조로 한 유클리드기하학에 대해, 변화와 운동을 그 배후의 통제원리로 하는 근대 기하학은 뚜렷한 대조를 이루고 있다고 할 수 있다. 자신의 아카데미 입구에 "기하학을 모르는 자, 이곳에 들어오지 말라"고 써두었다는 플라톤 역시, 아마도 근대적인 기하학은 거부했을 것이다. 왜냐하면 정지해있는 도형을 굳이 변화 속으로 던지는 근대 기하학의 방법은 '영원불변의 이데아'를 추구하는 플라톤보다는 "만물은 변화한다"라고 주장한 헤라클레이토스에 가까울 테니 말이다…….

아마도 사영기하학의 이와 같은 특징을 더욱 일반화하여, 클라인은 『에를랑겐 목록』에서 다음과 같은 원리를 세웠다.

하나의 변환군 G가 있다. 이 G의 모든 변환에 따라 불변인 성질을 연구하는 것이 G에 종속하는 기하학이다.

그러므로 하나의 변환군이 있는 곳, 거기에 하나의 기하학이 있게 된다. 그런데 변환군은 얼마든지 있을 것이므로, 기하학도 역시 무수한 종류가 있게 되었다. 클라인은 이리하여 모든 기하학의 다량 생산 방식을 발명한 것이다. 클라인의 말을 빌리면, 사영 변환군에 종속하는 기하학이 사영기하학인 것이다. 이렇게 하여 도형의 표면적인 관계에서, 배후에 있는 군 쪽으로 중점이 옮겨갔다. 그려진 모든 도형은 원래는 운동하고 변화하는 도형의 모든 계열의 한 단면이며, 이른바 연속한 필름의 한 컷에 지나지 않는다.

클라인의 입장에서 보면, 두 개의 다른 변환군 G와 G′가 있으면, 각각에 종속하는 두 개의 기하학이 반드시 있는 것이다. 만약 한쪽 군 G′가 다른 쪽 군 G에 일부분으로서 포함되어있다면, 즉, G′가 G의 부분군이라면 기하학은 어떻게 될까. 이때 G′는 변화의 범위가 G보다 좁으므로, 넓은 G의 변환에서는 변해버릴 성질 중에서도 G′에서는 변하지 않는 것이 있을 수 있다. 따라서 G′의 불변적 성질은 G의 그것보다도 수가 많아질 것이며, 그것에 종속하는 기하학은 좀 더 구체적이 된다. 그러기 위해서는 논리학에서 내포와 외연의 관계를 떠올리면 충분할 것이다.

여기서 다시 한번 "토폴로지는 연속성의 기하학이다"라는 말을 떠올려보자. 사영 변환은 도형의 연속적인 변형인 이외에, 직선을 바꾸지 않는다는 조건이 붙어있다. 이 조건은 단지 연속성만을 조건으로 하는 토폴로지적 사상에서 보면 대단히 엄격한 조건이라고 말할 수 있다. 싫더라도 도형이라는 말을 쓰는 이상, 연속성만은 파괴되는 것이 허락되지 않으므로, 토폴로지적 사상은 모든 기하학의 최대공약수적인 것이리라. 사영적인 변환을 평평한 평면거울에 비춘 것이라고 하면, 토폴로지적 사상은 약간의 요철이 있는 거울에 비춘 것에 비유할 수 있을 것이다. 클라인식으로 말하면, 토폴로지는 일대일 쌍연속 사상의 군에 종속하는 기하학이라고 말해야 할 것이다.

이제부터, 현재의 우리에게는 오히려 너무 큰 군인 사영 변환군을 차츰 좁혀감으로써, 좀 더 구체적인 기하학을 얻기로 하자.

사영기하학 안에서는 모든 점과 직선은 서로 평등하다. 임의의 점은 다른 임의의 점에, 또한 임의의 직선은 다른 임의의 직선에, 적당한 사영 변환을 매개로 하여 변화할 수 있기 때문이다. 만약 '자신이 원하는 것이 될 수 있다'라는 것이 민주주의의 조건이라고 한다면, 사영기하학에서는 완전한 민주주의가 지배하고 있는 것이 된다.

기하학자가 반민주주의자일 리는 없지만, 여기서 연구의 필요상 '민주주의'를 제한하는 방향으로 향한다고 하자. 예를 들면 무수하게 있는 직선 중에서 하나의 직선에만 주목하여. 그것을 특별 취급하기로 해보자. 이 직선을 A라고 하면, A 이외의 직선끼리는 서로 옮겨질 수 있지만, A로는 옮겨질 수 없으며, A도 A 이외로는 옮겨질 수 없다고 하자. 즉 직선이 직선으로 변할 자유도에 제한을 가하는 것이다. 그러기 위해 사영 변환 전체의 집합 G 중에서 A를 다른 것으로 바꿀 만한 것을 제외하고 A를 A로 바꿀 만한 것만을 남겨서, 이것을 G′라고 한다. 이 G′는 분명히 G의 부분군이다. 이 G′를 정하는 데 사용한 직선 A는 어떤 직선이든 괜찮지만, 편의상 무한원 직선을 취하자. 즉, G′는 무한원 직선을 바꿀 수 없는 사영 변환 전체가 된다.

이런 G′를 의사(擬似, 아핀affine) 변환군이라고 하는데, 이런 자유의 제한으로 어떤 새로운 성질이 덧붙여질까.

가장 뚜렷한 것으로는 평행성이 있다. 두 개의 직선이 평행인지 아닌지, 사영기하학의 입장에서는 어떤 의미도 없다. 왜냐하면 적당한 사영 변환에 따라 두 개의 평행하지 않은 직선을 평행한 직선으로 베낄 수도 있으며, 반대로 평행한 직선을 평행하지 않게 할 수도 있기 때문이다. 그러나 의사 변환에서는 사정이 달라진다. 두 개의 직선 A, B가 평행하다는 것은, 그 교점 P가 무한원 직선 위에 있다는 것이다. 그런데 의사 변환은 무한원 직선을 바꿀 수 없으므로, P는 역시 무한원 직선 위의 점 P′로 바

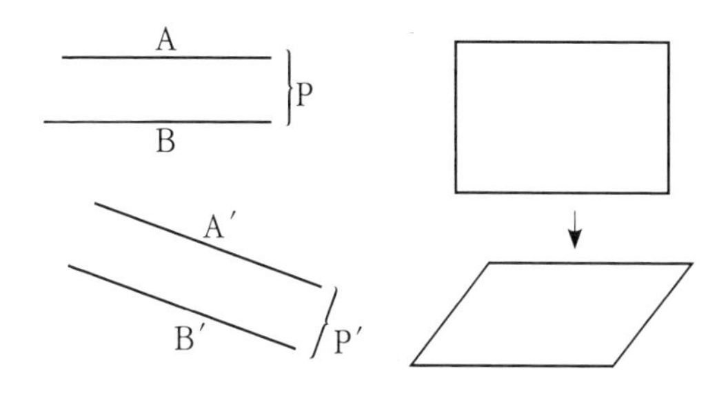

뀐다. 이 P′는 A, B의 모사인 A′, B′의 교점이므로 결국 A′, B′는 무한원점 P′에서 교차한다. 그러므로 A′, B′는 또한 평행이어야만 한다.

그러므로 평행사변형이라는 말도 의사 기하학의 입장에서는 의미가 있는 것이다.

하지만 두 직선이 이루는 각은 의사 기하학이 되어도 역시 의미가 없다. 의사 변환에 따라 평행사변형은 평행사변형으로 바뀌지만, 그 정각은 일반적으로 바뀌어버리므로, 직사각형이 있어도 눌려 짜부라진 평행사변형이 된다.

이런 의사 변환군을 다시 한번 좁히면 유클리드기하학이 태어난다. 그것은 무한원 직선 위의 두 점만을 선택하여, 이 두 점을 바꾸지 않을 만한 부분군 G″를 만들면,

이것은 두 개의 선분의 비와 각도를 바꾸지 않는 것을 알 수 있다. 하지만 그 증명은 약간 기술이 필요하므로 생략하기로 한다. 이것은 유클리드기하학에서 합동과 닮음을 정하는 변환이다. 여기까지 구체화하면, 사영기하학에서는 무의미했던 피타고라스 정리도 뚜렷한 의미를 갖게 된다.

변환의 자유가 G에서 G′, G″로 제한됨에 따라 평행, 길이, 각도 등의 기하학적 성질이 의미를 갖게 되었다. 이 과정을 되돌아보면, 기하학적인 여러 성질을 걸러내는 역할을, 배후에 있는 변환군이 맡고 있는 셈이 된다. 확실히, 이 경우에 '걸러낸다'라는 말은 진상을 헹궈내고 있다고 말할 수 있다. 왜냐하면 곡물을 체로 쳐서 걸러내는 상황에서는 곡물에 운동을 부여함으로써 다른 것이 분리될 수 있듯이, 우리의 변환군도 도형을 움직임으로써, 그 성질을 걸러내기 때문이다. 원심분리기는 더 좋은 예가 될 것이다.

사영기하학, 의사 기하학, 유클리드기하학으로 구체화해가는 길과는 별도로, 사영기하학에서 비유클리드기하학으로 향하는 또 하나의 길이 있다.

무한원 직선을 특별 취급하면 의사 기하학이 태어나는

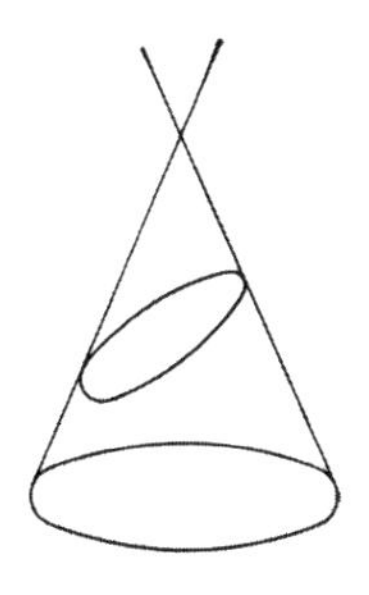

데, 이 특별 취급을 하는 도형을 다른 것으로 취해보자. 그것은 어떤 원뿔곡선이다. 직원뿔을 평면에서 자르면, 자른 평면의 위치에 따라 다양한 형태의 곡선을 얻을 수 있는데, 그것들을 통틀어서 2차 곡선 또는 원뿔곡선이라고 한다.

여기에는 원, 타원, 포물선, 쌍곡선 등이 있다. 또한, 자른 평면이 원뿔의 꼭짓점을 지나간다면 자른 단면은 두 개의 직선이 된다. 이들 곡선을 식으로 써서 나타내면 x, y, z에 대하여 2차방정식이 된다.

$$a_{11}x^2+2a_{12}xy+2a_{13}xz+a_{22}y^2+2a_{23}yz+a_{33}z^2=0$$

이런 곡선에 사영 변환을 해보면

$$
\begin{cases}
x=a_{11}'x'+a_{12}'y'+a_{13}'z' \\
y=a_{21}'x'+a_{22}'y'+a_{23}'z' \\
z=a_{31}'x'+a_{32}'y'+a_{33}'z'
\end{cases}
$$

앞의 2차방정식에 대입했을 때, 또한 x, y, z에 대한 2차방정식이 되므로, 결과도 또한 2차 곡선이 된다. 즉 원뿔곡선은 사영 변환에 의해 다른 원뿔곡선으로 변한다.

여기서 다시 민주주의를 제한해보기로 하자. 이때, 다시 특별한 원뿔곡선을 골라서, 이것이 다른 것과 옮겨서 겹쳐질 수 없다고 하고, 그 원뿔곡선을 어떤 하나의 원이라고 가정해둔다. 이 원의 내부를 내부로 베끼는 사영 변환을 G′라고 이름 붙인다. G′로부터는, 이 원을 다른 타원이나 쌍곡선으로 옮기는 사영 변환은 미리 제외되어있다. 이렇게 절대화된 원을 절대 2차 곡선이라고 한다.

이 절대 2차 곡선인 원을 토대로 하여 새로운 기하학을 만들어가기로 한다. 평면은 이 원에 의해 내부와 외부의 두 부분으로 나뉘는데, 우리는 원의 내부만을 세계로 간주하고, 경계의 원도 포함하여 외부는 세계의 바깥으로 간주하기로 한다.

자, 이 새로운 기하학의 '점'을 정해야 하는데, 이것은 보통의 원 안의 점이라고 하자. '직선'은 이것도 보통의 직선인데, 세계의 바깥 부분은 제외하고 원 안의 부분뿐이라고 하자. 이것은 직선이라기보다 상식적으로는 선분이라고 부르는 것이 좋을 것이다.

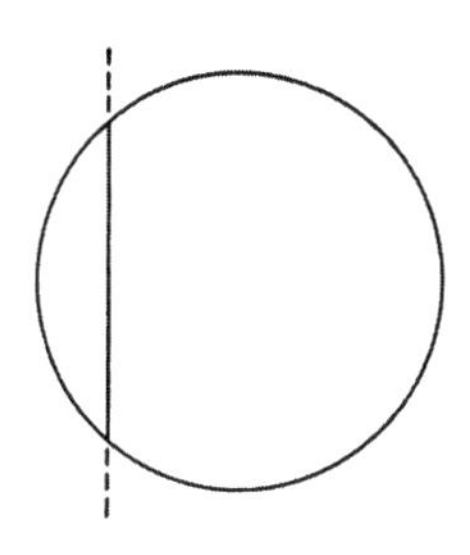

'평면' '점' '직선'이라는 기하학을 이루고 있는 벽돌이 정해졌으므로, 이것들을 사용하여 유클리드기하학 비슷하게 다양한 규칙을 정해간다. 먼저 '합동'의 정의인데, 이것은 어떤 도형 A가 G′속의 변환을 매개로 하여 A′에 겹쳐질 수 있으므로, 두 개는 합동이라고 하기로 한다. 다음으로 두 점 사이의 거리를 정해야 하는데, 거리를 정하기 위해 유클리드기하학에서 거리의 개념을 되돌아보자.

유클리드기하학에서는 처음부터 거리가 정해져 있다. 그 거리는 사람들이 직접 새끼줄이나 자, 마이크로미터

등으로 측정할 수 있는 것으로, 모든 것에 선행하여 존재하고 있다. 거기에는 '태초에 거리가 있었'던 것이다, 이런 거리를 바꾸지 않는 변환으로서 운동이라는 생각이 태어났다.

그러나 우리의 경우는 이것과 반대이며, 거리도 각도도 아직 존재하지 않고, 실마리가 되는 것은 군 G′뿐이다. 여기서는 '태초에 군이 있었'던 것이다.

그러면 변환군 G′에서 어떻게 거리를 정할까. 이것이 우리가 직면한 문제인데, 그러기 위해서는 3장에서 만났던 스위치백 같은 추론에 다시 한번 도움을 청해야 한다.

먼저 두 점 P, Q 사이의 길이(P, Q)는 아직 정해져 있지 않지만, G′의 변환에 따라 불변이어야만 한다. 다음으로 이 '직선' 위에 있는 세 점 P, Q, R에 대해서는

$$(P, Q)+(Q, R)=(P, R)$$

이 되어야만 한다.

이런 사영 변환으로 변하지 않는 양으로서 예전부터 알려진 것으로 복비複比가 있다. 한 직선 위의 네 점 P, Q, S, T가 있을 때, 이 네 점으로 만든

$$\frac{PT}{PS} : \frac{QT}{QS} = \frac{PT \cdot QS}{PS \cdot QT}$$

이다.

한 번 사영 변환을 하여 P′, Q′, S′, T′로 하고, 이렇게 만든 새로운 복비는 원래의 복비와 같다.

$$\frac{P'T' \cdot Q'S'}{P'S' \cdot Q'T'} = \frac{PT \cdot QS}{PS \cdot QT}$$

즉, 복비는 사영 변환에 따라 불변이다. 이것은 고대 알렉산드리아 말기에 등장한 기하학자 파푸스(기원 3세기)가 이미 알고 있던 사실이다. 이 불변인 복비를 토대로 하여 '거리'를 정할 수는 없을까. 두 점 P, Q를 지나가는 직선이 세계의 끝인 원과 교차하는 점을 S, T라고 한다.

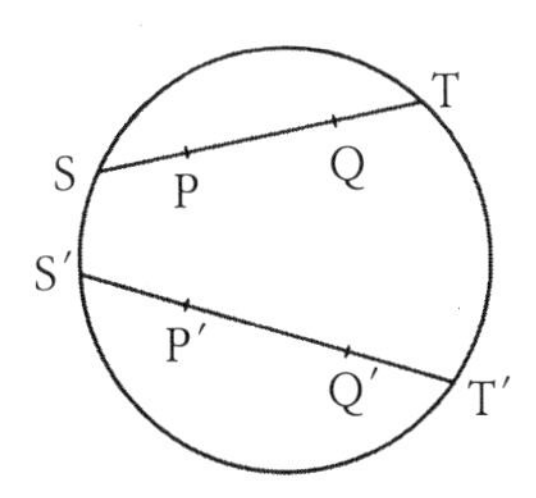

이 네 점에 G′안의 사영 변환을 하면, 역시 한 직선 위의 네 점 P′, Q′, S′, T′로 변한다. 이때

$$\frac{\mathrm{PT} \cdot \mathrm{QS}}{\mathrm{PS} \cdot \mathrm{QT}} = \frac{\mathrm{P'T'} \cdot \mathrm{Q'S'}}{\mathrm{P'S'} \cdot \mathrm{Q'T'}}$$

라는 것은 말할 것도 없다. 따라서

$$f(\mathrm{P}, \mathrm{Q}) = \frac{\mathrm{PT} \cdot \mathrm{QS}}{\mathrm{PS} \cdot \mathrm{QT}}$$

로 두면, 이것은 사영 변환에 대해 변하지 않는 것은 말할 것도 없다. 다음으로 그 밖의 성질을 알아보자. 간단한 분수 계산에 따라

$$f(\mathrm{P}, \mathrm{Q})f(\mathrm{Q}, \mathrm{R}) = f(\mathrm{P}, \mathrm{R})$$

이 성질을 거리의 조건과 비교해보면, 합이 곱이 되어 있는 점만이 다르다. 거기서 곱셈을 덧셈으로 고치면 되므로, 잘 알려져 있듯이 로그를 취하면 바라는 대로의 거리가 되어있음을 알 수 있다. 결국

$$(P, Q) = \log\frac{PT \cdot QS}{PS \cdot QT}$$

라고 정하면, 이것이 '거리'의 자격

$$(P, Q)+(Q, R)=\log f(P, Q)+\log f(Q, R)$$
$$=\log f(P, Q) \cdot f(Q, R)=\log f(P, R)=(P, R)$$

을 갖고 있음을 알 수 있다.

여기서 군 G′에서 출발하여 '거리'를 정한다는 순서는 성공한 것이 된다.

이 '거리'로 측정하면 '직선'의 전체 길이는 어떻게 될까. 그림에서 P=S, Q=T로 두면, 복비는 분모가 0에 가까워지므로 무한대가 되며, '거리'(S, T)는 결국 무한대가 된다. 유클리드적인 입장에서는 유한한 선분으로 보이는 '직선' $\overline{ST}$ 는 새로운 '거리'의 입장에서는 무한히 긴 것이다. 그러므로 새로운 '거리'의 의미에서 '직선' 위를 등속도로 달려서 S에 가까워지더라도, 유한의 시간 안에는 S에 도달할 수 없다. '직선' 위를 등속으로 달리고 있는 점을 유클리드 입장에서 관찰하고 있는 사람에게는 그 점이 한계원에 가까워짐에 따라 차츰 속도가 떨어지고, 아무리 시간이 지나도 한계원에는 도달하지 않는 것처럼 보일 것이다. 이런 의미에서 원주는 인위적인 울타리가 아니라 자연의 세계의 끝이다.

다음 일은 '각'을 정의하는 것인데, 거리가 정해지면 '각'은 자연스럽게 정해지므로 이것은 쓰지 않고 생략하기로 한다.

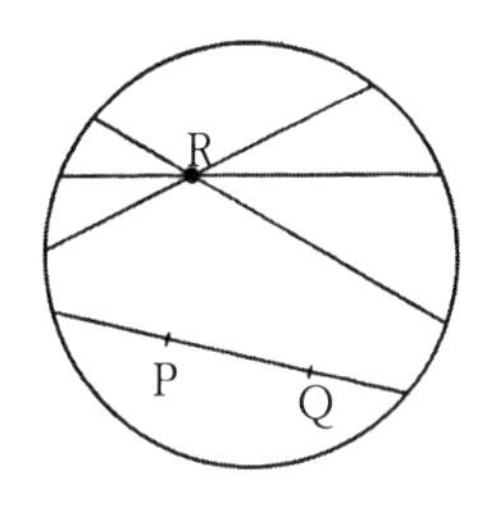

자, 문제의 평행선 공리인데, 이 평행선 공리가 유클리드의 그것과 다르다는 것은 그림을 보면 많은 말이 필요 없을 것이다.

'직선' $\overline{PQ}$외의 한 '점' R을 지나가서 $\overline{PQ}$와 평행한, 즉 교차하지 않는 '직선'은 분명히 무수하게 있는 것이다.

평행선 공리 이외의 공리가 유클리드의 그것과 같다는 것은 일일이 시험해보면 되므로 여기서는 생략한다. 참고로 이런 기하학에서는 삼각형의 내각의 합은 180도보다 작아지는 것에 주의하자.

이 모델에 의해 로바쳅스키, 보여이의 비유클리드기하학은 유클리드기하학 속에서 멋지게 실현되었다. 단지 규칙만 바꾸면 53장의 같은 트럼프 패를 가지고 브리지며 포커며, 여러 가지 카드놀이를 할 수 있는 것과 아주 비슷할 수도 있겠다.

그런데도 독자의 마음 한구석에는 한 덩어리의 불만이 남을지도 모르겠다.

'이것은 멋진 연구다. 하지만 이 역시 교묘한 사고의 유희에 지나지 않는다.' …… 독자 여러분은 '거리공간'이나 '위상공간'을 만났을 때 이미 이렇게 느꼈을 것이다.

하지만, 여기서도 다시 잘 생각해보자. 과연 우리가 확고부동하다고 생각하고 있는 점, 직선, 평면 같은 개념도 과연 그렇게 의문의 여지가 없는 것일까. 유클리드 직선은 이 모델의 '직선'에 비해 무조건 실재적일까. 잘 생각해보면 그런 상식을 지지하는 논리적인 근거는 하나도 찾아볼 수 없다.

이처럼 처음에는 대단히 기묘한 역설로만 생각했던 비유클리드기하학이, 유클리드기하학과 완전히 동등한 권리를 갖고 생존을 주장할 수 있게 되었음을 알았다. 그러면 우리가 사는 공간에는 과연 어느 쪽의 기하학이 통용될까. 이 문제를 결정하는 것은 오로지 실험이다. 1818년에 가우스는 이미 천문학적 관측을 통해 삼각형의 내각의 합이 180도가 되는지 어떤지를 결정하려고 시도했던 적이 있다. 그러나 이 문제가 진짜로 전개되려면 아인슈타인(1879~1955)의 일반상대성이론이 출현하는 1916년까지 기다려야만 했다. 그가 채용한 기하학은 유클리드기하학이 아니라, 오히려 비유클리드기하학의 방향을 발전시킨 리만기하학이라고 불리는 것이었다.

아인슈타인에 따르면 우리가 사는 우주는 유클리드의 공간처럼 평평하지 않고 구부러져 있으며, 그런 굴곡을 일으키는 것은 그 부근에 있는 물질이다. 뉴턴 물리학에서 공간은 영원불변의 유클리드 공간이며, 비록 그 공간 속에서 아무리 격렬한 물질의 운동이 일어나도 공간 자체는 손톱만큼도 변하지 않는다. 그것은 마치 장기판 위에서 아무리 격렬한 말의 운동이 있더라도, 장기판 자체는 어떤 변화도 일어나지 않는 것과 같다. 이때 말은 운동하는 물질이며, 장기판은 그것들의 운동이 일어나는 공간에 해당한다. 만약 장기판이 고무처럼 부드러운 것으로 되어있어서 말의 운동에 따라 장기판의 99개의 눈이 변화하는 '장기'(그런 장기가 있다면, 그것이야말로 '상대성 장기'라고 이름 붙여야 할 것이다)를 생각했다면, 과연 어떻게 될까. 그것은 무시무시하게 복잡한 것이 될 것이 틀림없다. 우리의 현실 공간은 시간을 포함하여 물질에 의해 변화를 받는 유연한 어떤 것인 셈이다.

현대과학은 옛날 과학이 영원불변, 신성불가침인 것으로 남겨두었던 여러 개념을 차례차례 무너뜨리고 있는데, 뉴턴의 절대공간, 절대시간도 결코 예외는 될 수 없었다. 우리의 세계관에 이런 변혁을 초래한 상대성이론으로 가는 길을 연 것이 바로 비유클리드기하학이었다.

자, 유클리드의 평행선 공리를 부정함으로써 새로운 로바쳅스키, 보여이의 기하학이 태어났는데, 이 공리의 부정 방법은 한 가지가 아니다. 즉 '평행선이 하나' 대신에 '평행선이 하나도 없다'라는 부정도 있을 수 있다. 그 변경된 공리는 다른 공리와 양립하는지 어떤지는 문제지만, 그런 공리를 가진 기하학이 존재할 수 있다는 것을 명백하게 한 것은 리만(1826~1866)이었다[5].

만약 이 리만의 기하학을 무시한다면, 약간 공평하지 않을 것이므로, 다음으로 리만의 기하학에 관해 이야기해보자. 리만의 기하학을 클라인식으로 생각하는 것도 물론 가능하지만, 여기서는 다른 방법을 따르기로 한다. 여기서, 먼저 하나의 구면을 생각하고, 그것을 우리의 세계라고 하자. 이런 세계에서 가장 좋은 모델이 우리의 지구라는 것은 말할 것도 없다. 구면 위의 점을 '점'이라고 생각하는 것은 지금까지와 같다. 그런데 문제는 '직선'이다. 왜냐하면 구면상에는 통상 의미하는 직선은 존재하지 않기 때문이다. 그러나 우리는 여기서 다시 스위치백 같은 논법을 이용하기로 하자. 유클리드기하학에서 직선은 두 점 사이의 최단거리의 선이라는 특성이 있던 것을 떠올리자. 여기서 명제를 역전하여 '두 점 사이의 최단거리의 선을 직선이라고 한다'라고 정한다면 어떻게 될까.

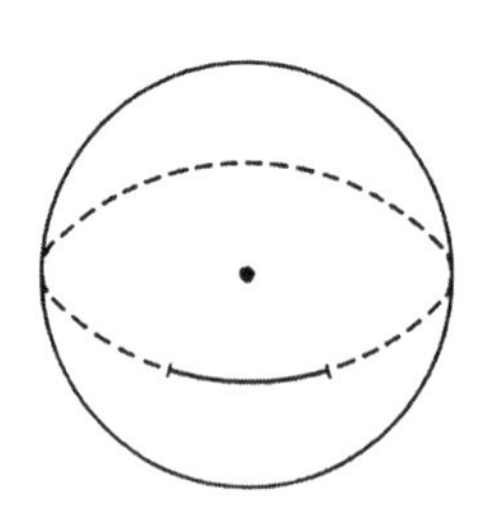

이것이라면 구면상에서도 충분히 생각할 수 있음이 틀림없다. 그것은 이른바 '대원大圓'이라고 불리는 것으로, 그 두 점과 지구의 중심을 지나는 가상 위의 평면에서 지구를 잘랐을 때 단면의 선이 분명하다. 우리가 장거리 항해나 비행하는 경우에는 이 대원 코스를 택하는 것이 상식이다. 예를 들면 요코하마에서 북아메리카까지의 항로는 당연히 대원 코스를 택하고 있을 텐데, 지도 위에서는 항로도가 필요 이상으로 알류샨 열도 쪽으로 치우쳐 있는 것처럼 그려져 있다. 이것은 둥근 지구를 평평한 종이 위에 모사하는 데서 오는 차이에 불과하다. 지구본 위에 그려진 항로는 글자 그대로 최단선을 따라가고 있는 터이다.

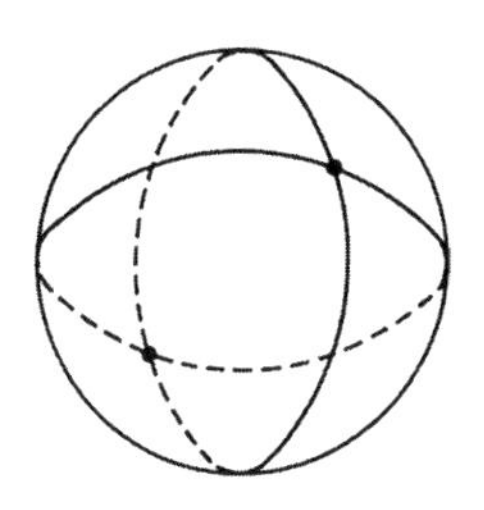

'길이'는 그 대원의 현 길이, '각'도 보통의 각도를 취하면 여기에 하나의 기하학을 세울 수 있는 도구는 일단 갖

춘 것이 된다. 그리고 두 개의 대원은 반드시 교차한다는 것도 쉽게 알 수 있을 것이다. 이것을 ' '가 붙은 말로 번역하면, 두 개의 '직선'은 반드시 교차하게 되어, 평행인 두 직선은 어디에도 존재하지 않는 것이 된다.

이상의 설명에서, 구면 위의 기하학이 최초의 조건에 적합한 유력한 후보자인 것 같다는 것은 거의 짐작할 수 있다. 하지만 여기서 우리는 더욱 엄격한 자격시험을 시행해보자.

분명히 두 개의 '직선'이 교차하는 것은 알았지만, 그 교점은 지구의 중심을 사이에 두고 반대쪽에 두 개 있다는 점을 알아차렸을 것이다. 이것은 '두 개의 직선은 두 점에서 교차한다'라는 것과 다름없다. 대단히 난감한 상황이다. 이리하여 기껏 생각해낸 아이디어도 중대한 난관에 부딪히게 되었다. 그러면 구면이라는 모델은 포기하는 것 말고는 길이 없는 것일까.

하지만 리만은 이 곤란을 의외의 방법으로 단숨에 해결해버렸다. 물론, 의외라고 해도 수학자의 방식을 여러 번 경험한 독자 여러분에게는 별로 의외가 아닐지도 모르겠지만…….

리만은 이와 같은 두 점, 즉 대척점을 두 점이 아니라

한 '점'으로 간주해버린 것이다. 이리하여 직선이 두 점에서 교차한다는 곤란함은 해소되어버렸다.

물론, 대척점을 한 '점'으로 본다는 것이 상식적으로는 몹시 엉뚱하다는 것은 변명의 여지가 없지만, 억지로 그런 '세계'의 모델을 만들려고 한다면 다음과 같이 하면 된다.

지구의 북반구는 현재대로 두고, 남반구만을 잠시 백지상태로 되돌리기로 해보자. 이 백지가 된 남반구를 북반구와 똑같이 다시 만들기로 한다. 예를 들면 도쿄의 대척점인 남미 앞바다에는 도쿄와 완전히 똑같은 도시를, 에베레스트산의 대척점에는 에베레스트산과 똑 닮은 산을, ……이런 식으로 만들었다고 치자. 이 새로 만든 지구에는 과연 어떤 일이 일어날까. 예를 들어 도쿄에서 파리에 가려면 옛 북반구의 파리에 갈 필요 없이 현재의 뉴질랜드의 남쪽 근처에 만들어지게 될 새로운 파리로 가면 되므로, 여정은 현저히 단축되게 될 것이다.

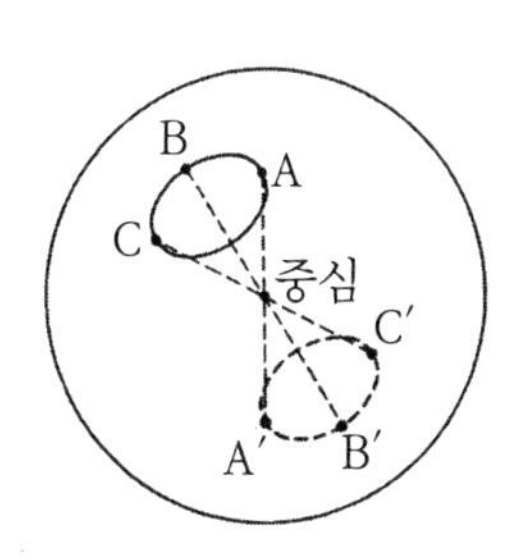

이처럼, 대척점에 완전히 똑같은 것을 둔다는 방식으로 새로운 도쿄를 만들면 어떻게 될까. 이런 경우에 수학자는 즐겨 삼각형을 가져와서 알아보는 버릇이 있다. 왜냐하면 삼각형은 가장 간단한 도형이며, 심지어 모든 도형은 삼각형으로 이루어져 있다고도 생각할 수 있기 때문이다. 자, 북반구의 옛 도쿄에 있는 세 점, 예를 들면 시나가와(A), 우에노(B), 신주쿠(C)는 남반구의 제2의 도쿄에서는 어떤 위치에 놓이게 될까. 제2의 시나가와, 우에노, 신주쿠를 A′, B′, C′로 나타내면 앞 페이지 그림과 같이 된다.

A, B, C와 A′, B′, C′를 위에서 보면 아래 그림처럼 되며, 두 개의 삼각형을 취해서 비교하면 회전 방식이 정반대라는 것을 깨달을 것이다.

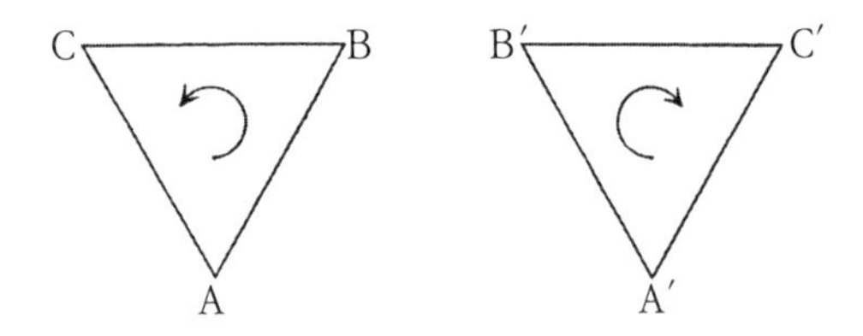

지금 옛 도쿄에 사는 어떤 사람이 남반구의 대척점에 만들어진 새 도쿄를 방문했다고 하면, 어떤 일이 일어날

까. 그는 옛 도쿄와 똑같은 새 도쿄를 눈으로 보고 일단 놀랄 것이다. 그는 자신과 똑같은 자신의 분신이 맞은편에서 걸어오는 것을 보고, 간담이 서늘해질 것이 틀림없다. 하지만, 그와 그의 분신이 다가가 악수하는 단계가 되어, 그가 오른손을 내밀면 그의 분신은 왼손을 내미는 것을 알아차릴 것이다. 그의 분신이 왼손잡이였다는 점을 알아차리고 주변을 둘러볼 때, 모든 게 좌우가 반대라는 사실을 알게 될 것이 틀림없다.

이런 면이 앞에서 이야기한 사영 평면과 같은 구조를 지녔고, 수학자가 말하는 앞뒤가 없는 곡면이며, 이 점에서는 뫼비우스(1790~1868)의 띠와 아주 비슷하다는 것을 알 수 있다.

가늘고 긴 종이의 서로 마주 보는 변을 한 번 꼬아서 풀로 붙이면, 아래 그림과 같은 띠가 생긴다. 이것이 뫼비우스의 띠다. 이런 띠 위에 작은 삼각형을 면의 위에서 떨어지는 일 없이 일주하여 원래 점으로 돌아온다고 하

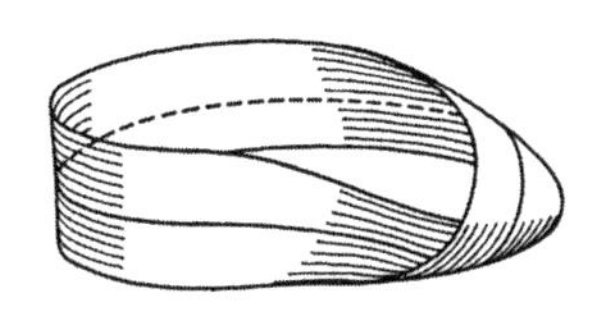

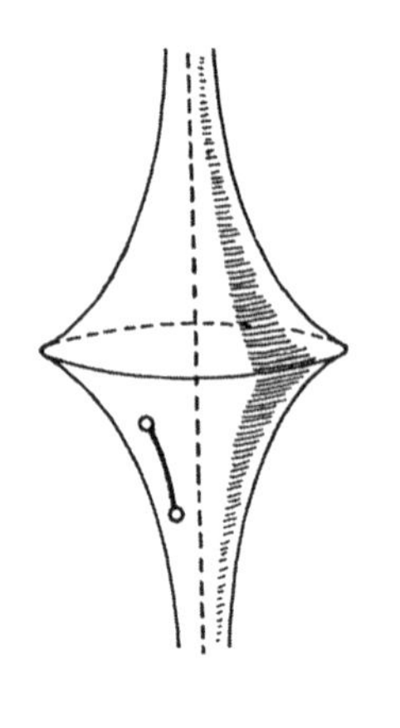

면, 옛 도쿄에 사는 사람이 새 도쿄를 방문했을 때와 마찬가지로, 좌우가 바뀌어있는 것을 알아차릴 것이다.

이상이 최단선을 토대로 한 리만의 기하학 모델인데, 마찬가지로 최단선을 토대로 한 로바쳅스키, 보여이의 기하학 모델은 만들 수 없을까. 이런 종류의 모델을 만든 사람은 이탈리아의 벨트라미Eugenio Beltrami(1835~1900)였다. 그는 추적선이라는 곡선을 회전시켜서 곡면을 만들고, 그 위의 최단선을 '직선'이라고 보면, 로바쳅스키, 보여이의 기하학이 되는 것을 확인했다. 그 곡면은 대부분 한없이 긴 나팔 두 개를 맞댄 것과 같은 모양을 하고 있다.

이만큼의 실례를 보였으니, 아무리 완고한 회의론자도 비유클리드기하학이 유클리드기하학과 완전히 동등한 존재 이유를 가졌음을 인정하지 않을 수 없을 것이다.

분명히, 비유클리드기하학은 유클리드기하학의 태내에서 태어난 기묘한 못난이였다. 그리고 이 못난이는 자신을 낳은 부모를 향해, 정당한 자식임을 인정받으려 집요하게 쫓아다녔다. 이 못난이를 자신의 정당한 자식으로 받아들이기 위해서는 모든 기하학이 근본적인 변혁의 고통을 겪어야 했다. 그리고 비유클리드기하학의 탄생에 실마리가 된 기하학의 기초를 향한 반성은 힐베르트의 『기하학의 기초』(1899)에 이르러 훌륭하게 결정화했다.

심지어, 그중에서 결정화된 하나의 방법, 즉 공리적 방법은 기하학 내부에 그치지 않고 수학 전체에 걸쳐 혁명적인 영향을 미치게 되었다.

공리적 방법은 종종 오해를 받듯이 직관을 배제하는 것이 아니다. 그것은 분명히 논리와 직관을 날카롭게 분리했다. 그러나, 만약 이 두 개의 커다란 원천이 분리된 채로 있었다면 모든 수학은 사멸했을 것이다. 공리적 방법이 행한 분리는, 양자를 더욱 높은 차원 속에서 다시 묶기 위한 것이었다.

이처럼 직관과 논리에 대한 깊은 반성이, 가장 직관적인 수학이라고 여겨지는 기하학 속에서 태어난 것은 흥미롭다.

다시 한번 클라인으로 돌아가보자. 『에를랑겐 목록』은 변환군과 그것의 불변량이라는 하나의 암호를 통해 기하학을 그때까지보다 한층 깊숙이 다른 부분, 특히 군론과 연결했다. 기하학과 가장 밀접한 관계를 맺고 있는 것은, 클라인의 친구인 노르웨이 수학자 S. 리에 의해 시작된 리군이다.

우리가 이 변환군과 불변량이라는 사상의 도움을 빌려야만 하는 경우가 하나 더 있다. 그것은 도형과 좌표의 관계다. 좌표의 매개로 도형을 수나 식으로 옮길 수 있다는 것은 해석기하학 불후의 공적이었지만, 문제는 여기서 끝나지 않았다.

좌표를 이용하여 도형의 성질을 연구하는 것은 분명히 편리하기는 하지만, 거기에는 다시 새로이 번거로운 문제가 생긴다. 본래, 도형 자체의 입장에서는 좌표는 단순히 방편이자 외래적인 것이며, 연구의 곤란함을 도외시하면 좌표가 없어도 헤쳐나갈 수 있을 것이었다.

도형을 수식으로 옮겨 적고, 거기서 계산이 행해져서 어떤 결론을 얻는다. 그때 그 결론 속에는 도형에는 고유하지 않은 성질, 즉 좌표의 특별한 방식에 의존하고 있는 듯한 결론이 들어가 있을지도 모른다.

예를 들면 직각좌표에서, 함수

$$y=f(x)$$

는 하나의 곡선을 규정하고 있는데, 만약 이 함수의 극대 극소를 구하기 위해, 도함수를 0으로 하는 점을 구한다고 하자. 이 점은 함수로서는 중요한 점이지만, 이 점은 도형으로서는 어떤 특별한 점이 아니라, 구할 필요가 없는 것이다. 왜냐하면 좌표축을 다른 위치로 잡으면 이 극대극소는 다른 곳으로 이동해버리기 때문이다.

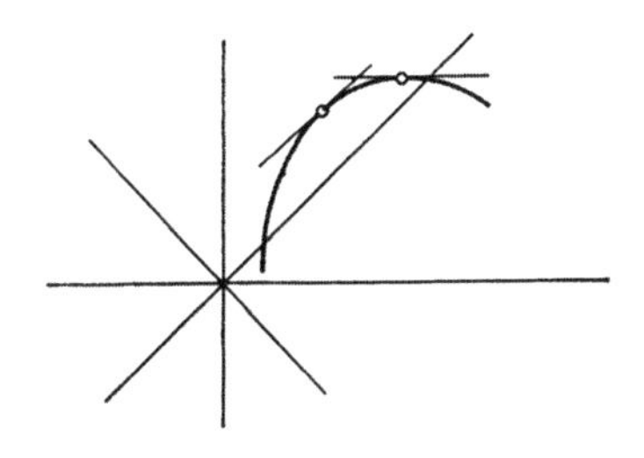

이처럼 좌표는 도형을 연구하기 위한 발판이며, 연구가 끝나면 발판은 치워져야 한다. 거기서 수식 안에서 도형 고유의 성질을 나타내고 있으며 좌표를 선택하는 방식에는 의존하지 않는 것과 도형 고유의 성질을 나타내지 않고 좌표를 선택하는 방식에 의해 달라지는 것을 가려낼 필요가 생기게 된다.

여기서 다시 한번 변환군과 불변량이라는 클라인의 말을 떠올려보자. 클라인의 지금까지의 견지는 좌표를 고

정하여 도형을 변화시키는 것이었지만, 이번에는 도형을 고정하고 좌표를 변화시키는 것이 되었다. 그 두 가지는 당연히 다른 생각이지만, 수학적으로는 같은 것으로 취급한다. 이리하여 변환군을 좌표 변환의 군이라고 생각하면, 그 불변량에 해당하는 것이 그 도형의 기하학적인 성질이 된다. 이것과 같은 종류의 문제에 직면한 것이 일반상대성이론이었다. 일반상대성이론의 주된 임무는 중력 이론인데, 뉴턴의 중력 이론은 그의 절대공간, 절대시간을 토대로 하고 있다. 그러므로 당연히 절대공간을 실험적으로 찾아내려는 시도가 있었지만, 모든 시도는 헛수고로 돌아갔다. 우리는 뉴턴의 절대공간과 절대시간의 존재를 부정해야 하는 처지에 빠졌다. 그러면 지금까지 이용해왔던 모든 방정식은 무의미해진 것일까. 분명히, 뉴턴의 중력 방정식에 등장하는 x, y, z라는 좌표는 절대공간에 대해 정지해있는 좌표축을 토대로 한 것이었으며, t는 절대시간의 척도였다. 뉴턴 역학에서는 이런 좌표 x, y, z, t가 다른 모든 좌표에 대해 우선권을 갖고 있었다. 하지만 이제는 우선권을 상실했다. 그렇다면 우리의 종착지는 불가지론 말고는 없는 것일까.

잘 생각해보면 절대공간에 대해 정지한 것 같은 좌표

는 없더라도, 만약 어떤 좌표로 써서 나타낸 하나의 방정식이 모든 좌표 변환에 있어 불변이라면, 그런 방정식은 좌표에서 독립한 어떤 물리적인 진실을 나타내고 있어야 하는 건 아닐까. 이런 관점에서 출발하여 아인슈타인은, 그렇게 좌표 변환에 따라 변하지 않는 방정식을 찾아내고, 그것에 의해 중력 이론을 만들어냈다.

다른 과학도 그렇지만, 수학의 발전 방식은 결코 잘 닦인 하나의 도로가 아니라 수많은 미로가 있는 울퉁불퉁한 비탈길이다. 과학에서 불가지론은 하나의 패배에 다름없지만, 낡은 도그마가 무너져서 망연자실할 때 불가지론이 머리를 쳐드는 법이다. 하지만 이 위기야말로 다시 새로운 이론이 태어날 좋은 기회인 경우도 많다. 상대성이론은 이런 위기의 순간에 태어났다. 그리고 상대성이론의 이론적 근거를 마련한 것은 비유클리드기하학과 불변식이라는 사상이었다.

주

(1) e와 π의 초월성 증명은 구보타 다다히코窪田忠彦, 『초등 기하학 작도 문제』(우치다 로카쿠호內田老鶴圃)에 있다.

(2) 다만 여기서 문제가 되는 것은 역시 유한소수에 두 가지 표시 방법이 있다는 점이다.

x, y는 유한소수로 나타내기로 지정해둔다고 하더라도 z에, 예를 들어

$$z=0.00909\cdots\cdots$$

라는 형태의 소수가 나타나면, 여기에는

$$\begin{cases} x=0.099\cdots\cdots=0.1 \\ y=0.00\cdots\cdots \end{cases}$$

이 대응하여 일대일이 아니게 된다, 그러므로 다음과 같은 요령이 필요하다. 소수의 자릿수는 0이 나오면, 0은 건너뛰고 0이 아닌 것이 나타날 때까지를 하나의 마디로 보는 것이다. 예를 들면

$$x=0.\,|\,2\,|\,03\,|\,4\,|\,007\,|\,05\,|\,\cdots\cdots$$

이처럼 구획을 지어서 z를 만들면 일대일이 된다.

(3) 계산이라는 수단만으로 증명하려면 다음과 같이 한다.

먼저, $x_1, x_2, \cdots, x_n, y_1, y_2, \cdots, y_n$이 실수라면 언제나

$$(x_1y_1+x_2y_2+\cdots+x_ny_n)^2 \leqq (x_1^2+\cdots+x_n^2)(y_1^2+\cdots+y_n^2)$$

이 되는 것을 증명한다.

$$(x_1+ty_1)^2+(x_2+ty_2)^2+\cdots+(x_n+ty_n)^2$$
$$=(x_1^2+\cdots+x_n^2)+2(x_1y_1+\cdots+x_ny_n)t+(y_1^2+\cdots+y_n^2)t^2$$

라는 식은 $x_1, x_2, \cdots, x_n, y_1, y_2, \cdots, y_n, t$가 실수인 이상 음수는 되지 않는다. 만약 이것을 무리하게 0으로 두면, 이 2차방정식은 허근이 되거나 중근이 된다. 따라서 판별식은

$$(x_1y_1+\cdots+x_ny_n)^2-(x_1^2+\cdots+x_n^2)(y_1^2+\cdots+y_n^2)\leqq 0$$

이므로 이항하면

$$(x_1y_1+\cdots+x_ny_n)^2\leqq(x_1^2+\cdots+x_n^2)(y_1^2+\cdots+y_n^2)$$

여기서

$$\mathrm{P}=(x_1, x_2, \cdots, x_n),\ \mathrm{P}'=(x_1', x_2', \cdots, x_n'),$$
$$\mathrm{P}''=(x_1'', x_2'', x_n'')$$

라고 두고

x_1-x_1', x_2-x_2', $\cdots$, x_n-x_n' 대신에 x_1, x_2, $\cdots$, x_n

$x_1'-x_1''$, $x_2'-x_2''$, $\cdots$, $x_n'-x_n''$ 대신에 y_1, y_2, $\cdots$, y_n

라고 두면

$$[d(\mathrm{P}, \mathrm{P}')+d(\mathrm{P}', \mathrm{P}'')]^2$$

$$=d(\mathrm{P}, \mathrm{P}')^2+2d(\mathrm{P}, \mathrm{P}')d(\mathrm{P}', \mathrm{P}'')+d(\mathrm{P}', \mathrm{P}'')^2$$

$$=(x_1^2+x_2^2+\cdots+x_n^2)+2\sqrt{x_1^2+\cdots+x_n^2}\times\sqrt{y_1^2+\cdots+y_n^2}$$

$$+(y_1^2+y_2^2+\cdots+y_n^2)$$

위의 부등식에 의해

$$\geqq(x_1^2+x_2^2+\cdots+x_n^2)+2(x_1y_1+\cdots+x_ny_n)+(y_1^2+\cdots+y_n^2)$$

$$=(x_1+y_1)^2+(x_2+y_2)^2+\cdots+(x_n+y_n)^2=d(\mathrm{P}, \mathrm{P}'')^2$$

그러므로

$$d(\mathrm{P}, \mathrm{P}')+d(\mathrm{P}', \mathrm{P}'')\geqq d(\mathrm{P}, \mathrm{P}'')$$

이렇게 해서 계산 수단만으로, '삼각형의 두 변의 합이 세 번째 변보다 작지 않다'라는 것이 확인되었다.

(4) 생물학자에 따르면 식량은 신체의 용적이 아니라, 표면적에 비례한다. 그러므로 걸리버의 배급량은, $12^2=144$, 즉 소인의 144배면 충분할 것이다.

(5) 리만의 이름을 알린 기하학은 두 종류가 있다. 여기서는 넓은 의미의 것을 '리만기하학' 좁은 의미의 것을 '리만의 기하학'이라고 구별하여 부르기로 했다.

참고문헌

좀 더 자세히 알고 싶은 독자 여러분을 위해 참고가 될 만한 책을 제시한다.

1장

쓰지 마사쓰구辻正次, 『집합론』(교리쓰출판共立出版)

이나가키 다케시稲垣武, 『집합론』(도카이쇼보東海書房)

2장

아키즈키 야스오秋月康夫, 『만근대수학의 전망』(고분도弘文堂)

쇼다 겐지로正田建次郎, 『대수학제요』(교리쓰출판)

이와무라 쓰라네岩村聯, 『속론』(가와데쇼보河出書房)

3장

고마쓰 아쓰오小松醇郎, 『위상공간론』(이와나미서점岩波書店)

나카야마 다다시中山正, 『집합, 위상, 대수계』 제1장, 제2장 포함(시분도至文堂)

4장

구보타 다다히코窪田忠彦, 『근세기하학』(이와나미서점)

가니타니 조요蟹谷乘養, 『사영 기하학』(마루젠丸善)

곤도 요이쓰近藤洋逸, 『기하학 사상사』(이토서점伊藤書店)

옮긴이의 말

수학은 아무에게나 접근을 허락하는 너그러운 학문이 아니다. '수학적'이라는 단어는 지은이의 말대로 '정확함과 엄밀함'의 상징이며, 숫자와 논리로 무장한 학문으로서 비인간적인 딱딱하고 차가운 느낌을 준다. 하지만 동시에 수학은 물리학, 천문학 등 모든 과학에 날개를 달아주는 역할을 하는 학문이기도 하다. 문명의 새벽에 태어나 양 떼를 세거나 강가의 토지를 측량하면서 자연수, 정수, 분수, 미적분 등으로 영역을 확장해온 수학은 마침내 유한의 세계를 훌쩍 넘어 '금단의 영역'이었던 무한까지 치고 올라갔다.

이 책은 상식을 깨는 현대수학의 주제, 그중에서도 '집합론'과 '군론' 그리고 '위상수학'과 '비유클리드기하학'에 대해 교양 수준으로 친절하게 설명하고 있다. 물론 내용 자체는 절대 쉽지 않다. 집합론 자체가 '무한'이라는 개념을 전제로 하니 이해하기 힘든 것도 당연하다. 무한이라는 개념이 얼마나 어렵고, 사람들에게 받아들여지기 어려운 개념이었냐면, 무한을 처음 공표한 칸토어는 당대 수학자들의 공격을 견디지 못하고 결국 정신병원에서 생을 마감했을 정도였다. 하지만 그가 남긴 '무한'이라는 개념은 기존 수학의 세계를 완전히 무너뜨리고 현대수학의 문을 열었다.

수학에 인문학적인 깊이와 유머를 더한 이 수학 이야기가 무려 70년 전에 쓰였다는 사실이 놀랍다. 이 책이 70년 동안 살아남은 이유는 미래 시대가 요구할 콘텐츠를 일찌감치 제공했기 때문일 것이다. 하루가 다르게 새로운 기술이 쏟아지는 오늘, IT와 과학의 시대를 뒷받침하는 학문으로서 현대수학의 개념에 대한 친절한 설명서로서 현대수학을 '감상'해보고 싶은 이들이라면 한 번 읽어보기를 권한다. 집합론이라는, 하나의 세계를 부수고 다른 하나의 세계를 창조한 놀라운 학문의 지적인 여정은 걸리버의 여행만큼 파란만장하지는 않겠지만, 충분히 흥미진진할 것이다.

2021년 7월

옮긴이 위정훈

일본의 지성과 양심

이와나미岩波 시리즈

001 이와나미 신서의 역사

가노 마사나오 지음 | 기미정 옮김 | 11,800원

일본 지성의 요람, 이와나미 신서!

1938년 창간되어 오늘날까지 일본 최고의 지식 교양서 시리즈로 사랑받고 있는 이와나미 신서. 이와나미 신서의 사상 · 학문적 성과의 발자취를 더듬어본다.

002 논문 잘 쓰는 법

시미즈 이쿠타로 지음 | 김수희 옮김 | 8,900원

이와나미 시리즈의 밀리언셀러!

저자의 오랜 집필 경험을 바탕으로 글의 시작과 전개, 마무리까지, 각 단계에서 염두에 두어야 할 필수사항에 대해 효과적이고 실천적인 조언이 담겨 있다.

003 자유와 규율 -영국의 사립학교 생활-

이케다 기요시 지음 | 김수희 옮김 | 8,900원

자유와 규율의 진정한 의미를 고찰!

학생 시절을 퍼블릭 스쿨에서 보낸 저자가 자신의 체험을 바탕으로, 엄격한 규율 속에서 자유의 정신을 훌륭하게 배양하는 영국의 교육에 대해 말한다.

004 외국어 잘 하는 법

지노 에이이치 지음 | 김수희 옮김 | 8,900원

외국어 습득을 위한 확실한 길을 제시!!

사전 · 학습서를 고르는 법, 발음 · 어휘 · 회화를 익히는 법, 문법의 재미 등 학습을 위한 요령을 저자의 체험과 외국어 달인들의 지혜를 바탕으로 이야기한다.

005 일본병 -장기 쇠퇴의 다이내믹스-

가네코 마사루, 고다마 다쓰히코 지음 | 김준 옮김 | 8,900원

일본의 사회 · 문화 · 정치적 쇠퇴, 일본병!

장기 불황, 실업자 증가, 연금제도 파탄, 저출산 · 고령화의 진행, 격차와 빈곤의 가속화 등의 「일본병」에 대해 낱낱이 파헤친다.

006 강상중과 함께 읽는 나쓰메 소세키

강상중 지음 | 김수희 옮김 | 8,900원

나쓰메 소세키의 작품 세계를 통찰!

오랫동안 나쓰메 소세키 작품을 음미해온 강상중의 탁월한 해석을 통해 나쓰메 소세키의 대표작들 면면에 담긴 깊은 속뜻을 알기 쉽게 전해준다.

007 잉카의 세계를 알다

기무라 히데오, 다카노 준 지음 | 남지연 옮김 | 8,900원

위대한 「잉카 제국」의 흔적을 좇다!

잉카 문명의 탄생과 찬란했던 전성기의 역사, 그리고 신비에 싸여 있는 유적 등 잉카의 매력을 풍부한 사진과 함께 소개한다.

008 수학 공부법

도야마 히라쿠 지음 | 박미정 옮김 | 8,900원

수학의 개념을 바로잡는 참신한 교육법!

수학의 토대라 할 수 있는 양 · 수 · 집합과 논리 · 공간 및 도형 · 변수와 함수에 대해 그 근본 원리를 깨우칠 수 있도록 새로운 관점에서 접근해본다.

009 우주론 입문 -탄생에서 미래로-

사토 가쓰히코 지음 | 김효진 옮김 | 8,900원

물리학과 천체 관측의 파란만장한 역사!

일본 우주론의 일인자가 치열한 우주 이론과 관측의 최전선을 전망하고 우주와 인류의 먼 미래를 고찰하며 인류의 기원과 미래상을 살펴본다.

010 우경화하는 일본 정치

나카노 고이치 지음 | 김수희 옮김 | 8,900원

일본 정치의 현주소를 읽는다!

일본 정치의 우경화가 어떻게 전개되어왔으며, 우경화를 통해 달성하려는 목적은 무엇인가. 일본 우경화의 전모를 낱낱이 밝힌다.

011 악이란 무엇인가

나카지마 요시미치 지음 | 박미정 옮김 | 8,900원

악에 대한 새로운 깨달음!

인간의 근본악을 추구하는 칸트 윤리학을 철저하게 파고든다. 선한 행위 속에 어떻게 악이 녹아들어 있는지 냉철한 철학적 고찰을 해본다.

012 포스트 자본주의 -과학 · 인간 · 사회의 미래-

히로이 요시노리 지음 | 박제이 옮김 | 8,900원

포스트 자본주의의 미래상을 고찰!

오늘날 「성숙 · 정체화」라는 새로운 사회상이 부각되고 있다. 자본주의 · 사회주의 · 생태학이 교차하는 미래 사회상을 선명하게 그려본다.

013 인간 시황제

쓰루마 가즈유키 지음 | 김경호 옮김 | 8,900원

새롭게 밝혀지는 시황제의 50년 생애!

시황제의 출생과 꿈, 통일 과정, 제국의 종언에 이르기까지 그 일생을 생생하게 살펴본다. 기존의 폭군상이 아닌 한 인간으로서의 시황제를 조명해본다.

014 콤플렉스

가와이 하야오 지음 | 위정훈 옮김 | 8,900원

콤플렉스를 마주하는 방법!

「콤플렉스」는 오늘날 탐험의 가능성으로 가득 찬 미답의 영역, 우리들의 내계, 무의식의 또 다른 이름이다. 융의 심리학을 토대로 인간의 심층을 파헤친다.

015 배움이란 무엇인가

이마이 무쓰미 지음 | 김수희 옮김 | 8,900원

'좋은 배움'을 위한 새로운 지식관!

마음과 뇌 안에서의 지식의 존재 양식 및 습득 방식, 기억이나 사고의 방식에 대한 인지과학의 성과를 바탕으로 배움의 구조를 알아본다.

016 프랑스 혁명 -역사의 변혁을 이룬 극약-

지즈카 다다미 지음 | 남지연 옮김 | 8,900원

프랑스 혁명의 빛과 어둠!

프랑스 혁명은 왜 그토록 막대한 희생을 필요로 하였을까. 시대를 살아가던 사람들의 고뇌와 처절한 발자취를 더듬어가며 그 역사적 의미를 고찰한다.

017 철학을 사용하는 법

와시다 기요카즈 지음 | 김진희 옮김 | 8,900원

철학적 사유의 새로운 지평!

숨 막히는 상황의 연속인 오늘날, 우리는 철학을 인생에 어떻게 '사용'하면 좋을까? '지성의 폐활량'을 기르기 위한 실천적 방법을 제시한다.

018 르포 트럼프 왕국 -어째서 트럼프인가-

가나리 류이치 지음 | 김진희 옮김 | 8,900원

또 하나의 미국을 가다!

뉴욕 등 대도시에서는 알 수 없는 트럼프 인기의 원인을 파헤친다. 애팔래치아산맥 너머, 트럼프를 지지하는 사람들의 목소리를 가감 없이 수록했다.

019 사이토 다카시의 교육력 -어떻게 가르칠 것인가-

사이토 다카시 지음 | 남지연 옮김 | 8,900원

창조적 교육의 원리와 요령!

배움의 장을 향상심 넘치는 분위기로 이끌기 위해 필요한 것은 가르치는 사람의 교육력이다. 그 교육력 단련을 위한 방법을 제시한다.

020 원전 프로파간다 -안전신화의 불편한 진실-

혼마 류 지음 | 박제이 옮김 | 8,900원

원전 확대를 위한 프로파간다!

언론과 광고대행사 등이 전개해온 원전 프로파간다의 구조와 역사를 파헤치며 높은 경각심을 일깨운다. 원전에 대해서, 어디까지 진실인가.

021 허블 -우주의 심연을 관측하다-

이에 마사노리 지음 | 김효진 옮김 | 8,900원

허블의 파란만장한 일대기!

아인슈타인을 비롯한 동시대 과학자들과 이루어낸 허블의 영광과 좌절의 생애를 조명한다! 허블의 연구 성과와 인간적인 면모를 살펴볼 수 있다.

022 한자 -기원과 그 배경-

시라카와 시즈카 지음 | 심경호 옮김 | 9,800원

한자의 기원과 발달 과정!

중국 고대인의 생활이나 문화, 신화 및 문자학적 성과를 바탕으로, 한자의 성장과 그 의미를 생생하게 들여다본다.

023 지적 생산의 기술

우메사오 다다오 지음 | 김욱 옮김 | 8,900원

지적 생산을 위한 기술을 체계화!

지적인 정보 생산을 위해 저자가 연구자로서 스스로 고안하고 동료들과 교류하며 터득한 여러 연구 비법의 정수를 체계적으로 소개한다.

024 조세 피난처 -달아나는 세금-

시가 사쿠라 지음 | 김효진 옮김 | 8,900원

조세 피난처를 둘러싼 어둠의 내막!

시민의 눈이 닿지 않는 장소에서 세 부담의 공평성을 해치는 온갖 악행이 벌어진다. 그 조세 피난처의 실태를 철저하게 고발한다.

025 고사성어를 알면 중국사가 보인다

이나미 리쓰코 지음 | 이동철, 박은희 옮김 | 9,800원

고사성어에 담긴 장대한 중국사!

다양한 고사성어를 소개하며 그 탄생 배경인 중국사의 흐름을 더듬어본다. 중국사의 명장면 속에서 피어난 고사성어들이 깊은 울림을 전해준다.

026 수면장애와 우울증

시미즈 데쓰오 지음 | 김수희 옮김 | 8,900원

우울증의 신호인 수면장애!

우울증의 조짐이나 증상을 수면장애와 관련지어 밝혀낸다. 우울증을 예방하기 위한 수면 개선이나 숙면법 등을 상세히 소개한다.

027 아이의 사회력

가도와키 아쓰시 지음 | 김수희 옮김 | 8,900원

아이들의 행복한 성장을 위한 교육법!

아이들 사이에서 타인에 대한 관심이 사라져가고 있다. 이에「사람과 사람이 이어지고, 사회를 만들어나가는 힘」으로「사회력」을 제시한다.

028 쑨원 -근대화의 기로-

후카마치 히데오 지음 | 박제이 옮김 | 9,800원

독재 지향의 민주주의자 쑨원!

쑨원, 그 남자가 꿈꾸었던 것은 민주인가, 독재인가? 신해혁명으로 중화민국을 탄생시킨 희대의 트릭스터 쑨원의 못다 이룬 꿈을 알아본다.

029 중국사가 낳은 천재들

이나미 리쓰코 지음 | 이동철, 박은희 옮김 | 8,900원

중국 역사를 빛낸 56인의 천재들!

중국사를 빛낸 걸출한 재능과 독특한 캐릭터의 인물들을 연대순으로 살펴본다. 그들은 어떻게 중국사를 움직였는가?!

030 마르틴 루터 -성서에 생애를 바친 개혁자-

도쿠젠 요시카즈 지음 | 김진희 옮김 | 8,900원

성서의 '말'이 가리키는 진리를 추구하다!

성서의 '말'을 민중이 가슴으로 이해할 수 있도록 평생을 설파하며 종교개혁을 주도한 루터의 감동적인 여정이 펼쳐진다.

031 고민의 정체

가야마 리카 지음 | 김수희 옮김 | 8,900원

현대인의 고민을 깊게 들여다본다!

우리 인생에 밀접하게 연관된 다양한 요즘 고민들의 실례를 들며, 그 심층을 살펴본다. 고민을 고민으로 만들지 않을 방법에 대한 힌트를 얻을 수 있을 것이다.

032 나쓰메 소세키 평전

도가와 신스케 지음 | 김수희 옮김 | 9,800원

일본의 대문호 나쓰메 소세키!

나쓰메 소세키의 작품들이 오늘날에도 여전히 사람들의 마음을 매료시키는 이유는 무엇인가? 이 평전을 통해 나쓰메 소세키의 일생을 깊이 이해하게 되면서 그 답을 찾을 수 있을 것이다.

033 이슬람문화

이즈쓰 도시히코 지음 | 조영렬 옮김 | 8,900원

이슬람학의 세계적 권위가 들려주는 이야기!

거대한 이슬람 세계 구조를 지탱하는 종교·문화적 밑바탕을 파고들며, 이슬람 세계의 현실이 어떻게 움직이는지 이해한다.

034 아인슈타인의 생각

사토 후미타카 지음 | 김효진 옮김 | 8,900원

물리학계에 엄청난 파장을 몰고 왔던 인물!

아인슈타인의 일생과 생각을 따라가보며 그가 개척한 우주의 새로운 지식에 대해 살펴본다.

035 음악의 기초

아쿠타가와 야스시 지음 | 김수희 옮김 | 9,800원

음악을 더욱 깊게 즐길 수 있다!

작곡가인 저자가 풍부한 경험을 바탕으로 음악의 기초에 대해 설명하는 특별한 음악 입문서이다.

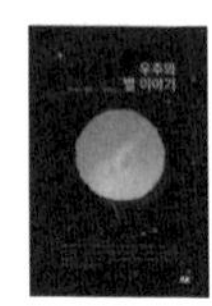

036 우주와 별 이야기

하타나카 다케오 지음 | 김세원 옮김 | 9,800원

거대한 우주의 신비와 아름다움!

수많은 별들을 빛의 밝기, 거리, 구조 등을 다양한 시점에서 해석하고 분류해 거대한 우주 진화의 비밀을 파헤쳐본다.

037 과학의 방법

나카야 우키치로 지음 | 김수희 옮김 | 9,800원

과학의 본질을 꿰뚫어본 과학론의 명저!

자연의 심오함과 과학의 한계를 명확히 짚어보며 과학이 오늘날의 모습으로 성장해온 궤도를 사유해본다.

038 교토

하야시야 다쓰사부로 지음 | 김효진 옮김 | 10,800원

일본 역사학자의 진짜 교토 이야기!

천년 고도 교토의 발전사를 그 태동부터 지역을 중심으로 되돌아보며, 교토의 역사와 전통, 의의를 알아본다.

039 다윈의 생애

야스기 류이치 지음 | 박제이 옮김 | 9,800원

다윈의 진솔한 모습을 담은 평전!

진화론을 향한 청년 다윈의 삶의 여정을 그려내며, 위대한 과학자가 걸어온 인간적인 발전을 보여준다.

040 일본 과학기술 총력전

야마모토 요시타카 지음 | 서의동 옮김 | 10,800원

구로후네에서 후쿠시마 원전까지!

메이지 시대 이후 「과학기술 총력전 체제」가 이끌어온 근대 일본 150년. 그 역사의 명암을 되돌아본다.

041 밥 딜런

유아사 마나부 지음 | 김수희 옮김 | 11,000원

시대를 노래했던 밥 딜런의 인생 이야기!

수많은 명곡으로 사람들을 매료시키면서도 항상 사람들의 이해를 초월해버린 밥 딜런. 그 인생의 발자취와 작품들의 궤적을 하나하나 짚어본다.

042 감자로 보는 세계사

야마모토 노리오 지음 | 김효진 옮김 | 9,800원

인류 역사와 문명에 기여해온 감자!

감자가 걸어온 역사를 돌아보며, 미래에 감자가 어떤 역할을 할 수 있는지, 그 가능성도 아울러 살펴본다.

043 중국 5대 소설 삼국지연의 · 서유기 편

이나미 리쓰코 지음 | 장원철 옮김 | 10,800원

중국 고전소설의 매력을 재발견하다!

중국 5대 소설로 꼽히는 고전 명작『삼국지연의』와『서유기』를 중국 문학의 전문가가 흥미롭게 안내한다.

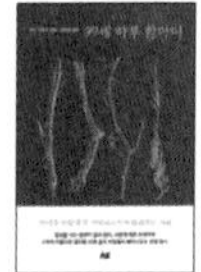

044 99세 하루 한마디

무노 다케지 지음 | 김진희 옮김 | 10,800원

99세 저널리스트의 인생 통찰!

저자는 인생의 진리와 역사적 증언들을 짧은 문장들로 가슴 깊이 우리에게 전한다.

045 불교입문

사이구사 미쓰요시 지음 | 이동철 옮김 | 11,800원

불교 사상의 전개와 그 진정한 의미!

붓다의 포교 활동과 사상의 변천을 서양 사상과의 비교로 알아보고, 나아가 불교 전개 양상을 그려본다.

046 중국 5대 소설 수호전 · 금병매 · 홍루몽 편

이나미 리쓰코 지음 | 장원철 옮김 | 11,800원

중국 5대 소설의 방대한 세계를 안내하다!

「수호전」,「금병매」,「홍루몽」 이 세 작품이 지니는 상호 불가분의 인과관계에 주목하면서, 서사란 무엇인지에 대해서도 고찰해본다.

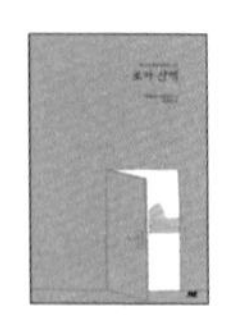

047 로마 산책

가와시마 히데아키 지음 | 김효진 옮김 | 11,800원

'영원의 도시' 로마의 역사와 문화!

일본 이탈리아 문학 연구의 일인자가 로마의 거리마다 담긴 흥미롭고 오랜 이야기를 들려준다. 로마만의 색다른 낭만과 묘미를 좇는 특별한 로마 인문 여행.

048 카레로 보는 인도 문화

가라시마 노보루 지음 | 김진희 옮김 | 13,800원

인도 요리를 테마로 풀어내는 인도 문화론!

인도 역사 연구의 일인자가 카레라이스의 기원을 찾으며, 각지의 특색 넘치는 요리를 맛보고, 역사와 문화 이야기를 들려준다. 인도 각 고장의 버라이어티한 아름다운 요리 사진도 다수 수록하였다.

049 애덤 스미스

다카시마 젠야 지음 | 김동환 옮김 | 11,800원

우리가 몰랐던 애덤 스미스의 진짜 얼굴

애덤 스미스의 전모를 살펴보며 그가 추구한 사상의 본뜻을 이해하고, 근대화를 향한 투쟁의 여정을 들여다본다

050 프리덤, 어떻게 자유로 번역되었는가

야나부 아키라 지음 | 김옥희 옮김 | 12,800원

근대 서양 개념어의 번역사

「사회」, 「개인」, 「근대」, 「미」, 「연애」, 「존재」, 「자연」, 「권리」, 「자유」, 「그, 그녀」 등 10가지의 번역어들에 대해 실증적인 자료를 토대로 성립 과정을 날카롭게 추적한다.

051 농경은 어떻게 시작되었는가

나카오 사스케 지음 | 김효진 옮김 | 12,800원

농경은 인류 문화의 근원!

벼를 비롯해 보리, 감자, 잡곡, 콩, 차 등 인간의 생활과 떼려야 뗄 수 없는 재배 식물의 기원을 공개한다.

052 말과 국가

다나카 가쓰히코 지음 | 김수희 옮김 | 12,800원

언어 형성 과정을 고찰하다!

국가의 사회와 정치가 언어 형성 과정에 어떠한 영향을 미치는지, 그 복잡한 양상을 날카롭고 알기 쉽게 설명한다.

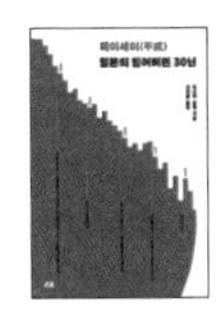

053 헤이세이(平成) 일본의 잃어버린 30년

요시미 슌야 지음 | 서의동 옮김 | 13,800원

일본 최신 사정 설명서!

거품 경제 붕괴, 후쿠시마 원전사고, 가전왕국의 쇠락 등 헤이세이의 좌절을 한 권의 책 속에 건축한 '헤이세이 실패 박물관'.

054 미야모토 무사시 -병법의 구도자-

우오즈미 다카시 지음 | 김수희 옮김 | 13,800원

미야모토 무사시의 실상!

무사시의 삶의 궤적을 더듬어보는 동시에, 지극히 합리적이면서도 구체적으로 기술된 그의 사상을『오륜서』를 중심으로 정독해본다.

055 만요슈 선집

사이토 모키치 지음 | 김수희 옮김 | 14,800원

시대를 넘어 사랑받는 만요슈 걸작선!

『만요슈』 작품 중 빼어난 걸작들을 엄선하여, 간결하면서도 세심한 해설을 덧붙여 한 권의 책으로 엮어낸『만요슈』 에센스집.

056 주자학과 양명학

시마다 겐지 지음 | 김석근 옮김 | 13,800원

같으면서도 달랐던 두 가지 시선!

중국의 신유학은 인간을 어떻게 이해하려 했는가? 동아시아 사상사에서 빼놓을 수 없는 주자학과 양명학의 역사적 역할을 분명히 밝혀본다.

057 메이지 유신

다나카 아키라 지음 | 김정희 옮김 | 12,800원

일본의 개항부터 근대적 개혁까지!

메이지 유신 당시의 역사적 사건들을 깊이 파고들며 메이지 유신이 가지는 명과 암의 성격을 다양한 사료를 통해서 분석한다.

058 쉽게 따라하는 행동경제학

오타케 후미오 지음 | 김동환 옮김 | 12,800원

행동경제학을 제대로 사용하는 방법!

보다 좋은 의사결정과 행동을 이끌어내는 지혜와 궁리가 바로 넛지(nudge)이며, 이러한 넛지를 설계하고 응용하는 방법을 소개한다.

059 독소전쟁 -모든 것을 파멸시킨 2차 세계대전 최대의 전투-

오키 다케시 지음 | 박삼헌 옮김 | 13,800원

인류역사상 최악의 전쟁인 독소전쟁!

2차 세계대전 승리의 향방을 결정지은 독소전쟁을 정치, 외교, 경제, 리더의 세계관 등 다양한 측면에서 살펴본다.

060 문학이란 무엇인가

구와바라 다케오 지음 | 김수희 옮김 | 12,800원

뛰어난 문학작품은 우리를 변혁시킨다!

날카로운 통찰력으로 바람직한 문학의 모습과 향유 방법에 관한 문학 독자들이 던지는 질문에 명쾌한 해답을 제시한다.

061 우키요에

오쿠보 준이치 지음 | 이연식 옮김 | 15,800원

전 세계 화가들을 단숨에 매료시킨 우키요에!

우키요에의 역사, 기법, 제작 방식부터 대표 작품, 화가에 이르기까지 우키요에의 모든 것을 다양한 도판 70여 장과 함께 살펴본다.

062 한무제

요시카와 고지로 지음 | 장원철 옮김 | 13,800원

중국 역사상 가장 찬란했던 시대!

적극적 성격의 영명한 전제군주였던 무제. 그가 살았던 시대를 생동감 있는 표현과 핍진한 묘사로 현재에 되살려낸다.

063 동시대 일본 소설을 만나러 가다

사이토 미나코 지음 | 김진희 옮김 | 14,800원

생생한 일본 문학의 흐름을 총망라!

급변하는 현대 일본 사회를 관통하는 다양한 시대 정신이 어떻게 문학 작품에 나타났는지 시대별로 살핌으로써 이 책은 동시대 문학의 존재 의미란 무엇인지 선명하게 보여준다.

064 인도철학강의

아카마쓰 아키히코 지음 | 권서용 옮김 | 13,800원

열 개의 강의로 인도철학을 쉽게 이해한다!

세계의 성립, 존재와 인식, 물질과 정신, 그리고 언어 자체에 관한 깊은 사색의 궤적을 살펴, 난해한 인도철학의 재미와 넓이를 향한 지적 자극을 충족시킨다!

IWANAMI 065

무한과 연속

—수식 없이 수학을 설명할 수는 없을까?—

초판 1쇄 인쇄 2021년 7월 10일
초판 1쇄 발행 2021년 7월 15일

저자 : 도야마 히라쿠
번역 : 위정훈

펴낸이 : 이동섭
편집 : 이민규
책임편집 : 조세진
디자인 : 조세연
표지 디자인 : 공중정원
영업 · 마케팅 : 송정환, 조정훈
e-BOOK : 홍인표, 유재학, 최정수, 서찬웅, 심민섭
관리 : 이윤미

㈜에이케이커뮤니케이션즈
등록 1996년 7월 9일(제302-1996-00026호)
주소 : 04002 서울 마포구 동교로 17안길 28, 2층
TEL : 02-702-7963~5 FAX : 02-702-7988
http://www.amusementkorea.co.kr

ISBN 979-11-274-4581-2 04410
ISBN 979-11-7024-600-8 04080 (세트)